Dennis Belzner, Julian Schwarz

Agiles IT-Projektmanagement

Rheinwerk
Computing

Liebe Leserin, lieber Leser,

Digitalisierung ist zur Zeit in aller Munde – sie steht, kurz gesagt, einfach an. Oft ist klar: Die IT-Projekte, um die es geht, sollen agil angegangen werden. Aber was bedeutet das, und was brauchen Sie an Know-how und Ressourcen, um Ihre Projekte erfolgreich ins Ziel zu führen?

Dieses Buch wurde für alle geschrieben, die für agile IT-Projekte Verantwortung tragen. Es gibt Ihnen Methoden an die Hand, benennt Herausforderungen, warnt vor Fallstricken und gibt bergeweise praktische Tipps.

Projektphasen, Aufgaben und Werkzeuge werden hier systematisch vorgestellt – wie immer ergibt es natürlich viel Sinn, das Buch von vorn nach hinten zu lesen.

Wenn Sie möchten, geht es aber auch andersherum: Im vierten Kapitel warten reale Fallbeispiele auf Sie, mit denen die Autoren Sie an ihrer langjährigen Erfahrung teilhaben lassen.

Sie sind nicht nur lehrreich an sich, sondern frischen auch die Kenntnisse aus den methodischen Kapiteln auf und vertiefen sie. Deshalb gibt es dort zu jedem Projekt eine Box »zum Auffrischen« mit Querverweisen zu den passenden Werkzeugen und Inhalten weiter vorn.

Wer es ein bisschen verrückt mag, könnte sich beim Lesen also auch von den Fallbeispielen zum Methodenwissen vorarbeiten.

Und wenn Sie fertig sind: Wie hat es Ihnen gefallen? Können wir noch etwas verbessern? Wir freuen uns über konstruktive Vorschläge und den Austausch mit Ihnen, unseren Leserinnen und Lesern!

Viel Erfolg mit dem agilen Projektmanagement!

Ihre Almut Poll
Lektorat Rheinwerk Computing

almut.poll@rheinwerk-verlag.de
www.rheinwerk-verlag.de
Rheinwerk Verlag · Rheinwerkallee 4 · 53227 Bonn

Auf einen Blick

Wir hoffen, dass Sie Freude an diesem Buch haben und sich Ihre Erwartungen erfüllen. Ihre Anregungen und Kommentare sind uns jederzeit willkommen. Bitte bewerten Sie doch das Buch auf unserer Website unter **www.rheinwerk-verlag.de/feedback**.

An diesem Buch haben viele mitgewirkt, insbesondere:

Lektorat Almut Poll, Lisa Helmus
Korrektorat Marlis Appel, Troisdorf
Herstellung Denis Schaal
Typografie und Layout Vera Brauner
Einbandgestaltung Lisa Kirsch
Coverbild Shutterstock: 1975939772 ©MrArtHit
Satz III-Satz, Kiel, gesetzt aus der TheAntiquaB (8,65/12,25 pt) in FrameMaker
Druck Beltz Grafische Betriebe, Bad Langensalza

FSC
www.fsc.org
MIX
Papier | Fördert gute Waldnutzung
FSC® C089473

Gedruckt wurde dieses Buch mit mineralölfreien Farben auf chlorfrei gebleichtem, FSC®-zertifiziertem Offsetpapier (90 g/m²).

Der Umwelt zuliebe wurde auf eine Einschweißfolie verzichtet.

Hergestellt in Deutschland.

Bibliografische Information der Deutschen Nationalbibliothek:
Die Deutsche Nationalbibliothek verzeichnet diese Publikation in der Deutschen Nationalbibliografie; detaillierte bibliografische Daten sind im Internet über *http://dnb.dnb.de* abrufbar.

ISBN 978-3-8362-9813-1

1. Auflage 2024

Informationen zu unserem Verlag und Kontaktmöglichkeiten finden Sie auf unserer Verlagswebsite **www.rheinwerk-verlag.de**. Dort können Sie sich auch umfassend über unser aktuelles Programm informieren und unsere Bücher und E-Books bestellen.

Inhalt

Zum Einstieg – für wen ist dieses Buch?

Für Sie natürlich – unabhängig davon, ob es sich bei Ihnen um einen erfahrenen oder angehenden Projektmanager, einen Studenten oder Projektbeteiligten, einen Unternehmer oder schlicht einen Interessierten handelt. Jeder, der seine Kenntnisse und Fähigkeiten rund um den Themenkomplex digitales Projektmanagement erweitern, vertiefen oder auffrischen möchte, ist herzlich eingeladen, sich das vorliegende Werk zu Gemüte zu führen und in die vielseitige Welt agiler Methodiken im digitalen Kontext einzutauchen.

Denn gerade im digitalen Kontext sehen wir das Fördern von Verständnis in einer sich immer schneller wandelnden, globalisierten Welt als eine Pflicht unseres Arbeitsfeldes an. Wir wollen für Aufklärung sorgen, Skepsis begegnen und unsere gesammelten Erfahrungen mit Ihnen teilen, damit unser aller Knowhow wächst, neue Synergien entstehen und im Optimalfall jegliches digitale Projekt in Zukunft bessere Chancen auf einen erfolgreichen Abschluss hat.

Wir hoffen daher, dass Sie aus der Gesamtheit der im Folgenden niedergelegten Thematiken neue Erkenntnisse, Ideen und Perspektiven für sich gewinnen, die Ihnen im Hier und Jetzt oder auf Ihrem weiteren Lebensweg helfen, digitale Projekte in all ihrer Komplexität besser zu durchdringen und so effizient wie nur irgend möglich zu gestalten.

Kapitel 1
Agiles Projektmanagement im digitalen Kontext

Bereits vor einigen Jahrzehnten war es angemessen, Projektmanagement als weites Feld zu beschreiben, das nur mit umfangreichen Kompetenzen, Erfahrungswerten und einem Faible für ein gesamtheitliches Verständnis von Prozessen, Methoden und Wertschöpfungsketten zu bestellen ist. Rückblickend wirken die vormaligen Anforderungen an einen Projektmanager wie das Sichten der Spitze eines Eisberges, dessen wahre Größe erst im Zuge der Digitalisierung und der damit einhergehenden Transformationsprozesse nach und nach das Licht der Oberfläche erblickt.

Die Notwendigkeit für Unternehmen, auf neue Wettbewerber, disruptive Marktveränderungen, wachsende Kundenanforderungen und technologische Fortschritte zu reagieren, war noch nie so dringend und sorgt heutzutage für eine sich rasant weiterentwickelnde Landschaft des Projektmanagements, in der Veränderung die einzige Konstante zu sein scheint. Eine Veränderung, der nur durch eine hohe Anpassungsfähigkeit und dem Willen neue Wege zu beschreiten begegnet werden kann.

In unserem Buch wollen wir Sie deshalb auf eine Reise mitnehmen, in der traditionelle Projektmanagementansätze auf dynamische und reaktionsfähige agile Methoden treffen, die darauf ausgelegt sind, sich den aufkommenden Veränderungen zu stellen, und Ihnen dabei helfen sollen, sich in der steigenden Komplexität moderner Projektumgebungen zurechtzufinden – unabhängig davon, ob Sie bereits ein erfahrener Projektmanager sind, der nach neuen Impulsen sucht, oder ein Neuling, der die Essenz agiler Methodiken besser verstehen möchte.

Begleiten Sie uns also durch die Grundprinzipien des agilen Projektmanagements, von der iterativen Entwicklung und Kundenzusammenarbeit bis hin zur Umsetzung agiler Methoden wie Scrum und Kanban. Wir zeigen Ihnen, wie Sie Ihr Projekt vom Start weg in die richtigen Bahnen lenken und in diesen auch halten, indem wir auf etablierte Prinzipien und Praktiken des agilen Projektmanagements eingehen und mit unserem Knowhow untermauern.

Die Intention des Buches ist es, Ihnen einen umfassenden Leitfaden zu liefern, der unsere eigene Arbeitsweise widerspiegelt und Sie dazu befähigt, Ihr kommendes Projekt von Anfang bis Ende so zu gestalten, dass zumindest den Rahmenparametern einer erfolgreichen Umsetzung nichts im Wege steht. Im Schlusskapitel wollen wir Ihnen daher zusätzlich in Form von Fallbeispielen aus der Praxis einen tieferen Einblick in unsere bisherigen Projekterfahrungen geben und gesammelte Learnings sowie gemeisterte Herausforderungen im Sinne der Wissensvermittlung mit Ihnen teilen.

1.1 Warum lean und agil?

Bei der Frage, wie man am besten bei dem Managen und Ausarbeiten eines digitalen Projekts vorgeht, hört man zumeist von zwei Entwicklungsmodellen, die auf den ersten Blick wohl unterschiedlicher nicht sein könnten. Auf der einen Seite das klassische *Wasserfallmodell*, das als strukturiert, übersichtlich und vorhersehbar gepriesen wird, und auf der anderen Seite das *Agile Modell*, das durch seinen schnellen, iterativen und flexiblen Ansatz hervorsticht. Doch sind es wirklich zwei Vorgehensweisen, die sich schlicht ausschließen, oder handelt es sich nicht eher um zwei etablierte Modelle, die nicht nur voneinander profitieren, sondern auch kombiniert werden können? Und wo findet überhaupt das aus der Fertigungsindustrie geborene Lean Management seinen Platz?

1.1.1 Fließend ans Ziel

Das sogenannte Wasserfallmodell ist der traditionelle Projektmanagementansatz, der aufgrund seiner linearen Vorgehensweise dazu genutzt wurde, um Struktur und Disziplin in die oftmals chaotische Softwareentwicklung zu bringen. Zurückgeführt wird das Modell auf den Computerwissenschaftler Dr. Winston W. Royce, der 1970 in seiner Publikation *Managing the Development of Large Software Systems* darauf verwies, dass das gängige *2-Stufen-Entwicklungskonzept* aus *Analyse* und *Coding* vor allem bei größeren Projekten nicht zielführend ist.

Royce warb dafür, große Projekte lieber in mehrere Stufen zu unterteilen, die aufeinander aufbauen und in einer festgelegten Reihenfolge verlaufen. Er selbst verwendete in seiner Publikation in keinem Satz das Wort *Wasserfall*, jedoch etablierte sich die Bezeichnung recht schnell, da die linear abfallende Stufenabfolge – die in ihrer Grundform keinen Weg zurück kennt – schlichtweg an fallendes Wasser erinnert.

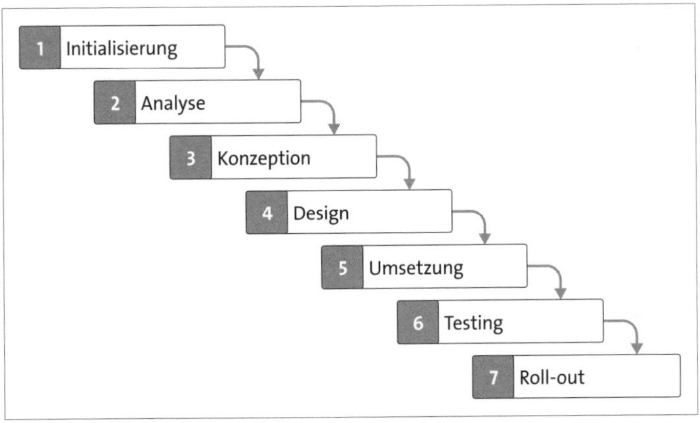

Abbildung 1.1 Wasserfallmodell

Sein Modell könnte man auch als *think first, code later* beschreiben, da, bevor die Analyse überhaupt startet, zunächst alle notwendigen *Anforderungen* geklärt sein sollten und dem Coding eine Designphase vorhergeht. Dieses vorausschauende Planen kombiniert mit den ineinandergreifenden Arbeitsschritten sollte dafür sorgen, dass Projekte einfacher betriebsbereit, pünktlich und innerhalb der Kosten vollendet werden können.

Heutzutage besteht der sequenzielle Prozess der Wasserfallmethodik je nach digitalem Projekt aus fünf bis sieben typischen Phasen, die sich beispielhaft wie folgt anordnen:

1. **Initialisierung:** Festlegen der Projektziele und aller geschäftsrelevanten Aspekte wie Kosten, Ressourcen und Verfügbarkeit.

2. **Analyse:** Ausarbeiten der Nutzungsanforderungen und Erstellen eines Grobkonzepts zu den Funktionen und Eigenschaften des Produktes.
3. **Konzeption:** Die Anforderungen werden spezifiziert, sodass eine klare To-do-Liste für Design und Programmierung erstellt werden kann.
4. **Design:** Konkrete Lösungskonzepte sowohl für das visuelle als auch für das technische Design (Benutzeroberfläche, System- sowie Informationsarchitektur).
5. **Umsetzung:** Realisierung der in der Designphase konzipierten Architektur. Die Komponenten werden separat entwickelt, integriert und Modultests unterzogen.
6. **Testing:** Nach der abgeschlossenen Implementierung wird das System überprüft und auftretende Fehler behoben.
7. **Roll-out:** Das fertige Produkt wird ausgeliefert. Je nach Bedarf können hierauf weitere Tests, Wartungen oder Optimierungen folgen.

Die optimale Umsetzung des Wasserfallmodells sieht vor, dass jede Phase konsequent abgearbeitet und als *Meilenstein* abgeschlossen wird. Dies bedeutet, dass eine neue Phase nur dann begonnen werden kann, wenn die vorherige Phase mit einem klaren Ergebnis für beendet erklärt wurde. Damit in diesem Kontext die Nutzer nicht auf der Strecke bleiben, begleitet seit Anfang der 90er der Prozess des *Human-Centred-Design (HCD)* die Entwicklung von Beginn an. Hier legen die Entwicklerteams großen Wert auf *Usability* – die Nutzbarkeit in einem bestimmten Anwendungskontext – und greifen hauptsächlich auf Standards und Styleguides zurück, die sich in der *Mensch-Maschine-Interaktion (HCI)* bewährt haben.

Durch die übersichtliche Organisationsstruktur mit klar definierten Phasen und Leistungsparametern hilft das Wasserfallmodell in Kombination mit HCD so dem Projektteam und -manager, Unklarheiten früh zu beseitigen und den Fokus auf das aktuelle Arbeitsfeld zu legen. Außerdem liegt der Schwerpunkt der Methode auf der gesamten *Projektdokumentation*, da jede Phase ausführlich erfasst wird und mit einem Meilenstein endet.

Dies ist aber gleichzeitig auch einer der größten Nachteile des Modells: Die Dokumentation hat einen solch übergreifenden Stellenwert, dass es passieren kann, dass sie wichtiger genommen wird als das eigentliche System. Das Erstellen umfassender *Pflichten- und Lastenhefte*, die nicht selten über 200 Seiten lang sind, verschlingt häufig mehrere Monate in der Vorprojektphase und erfordert durch starre, lineare Prozesse eine hohe Vorhersehbarkeit des Projektverlaufs, die gerade in der digitalen Neuzeit nur selten erfüllbar ist. Das Ergebnis und somit auch der *Return on Investment (ROI)* bzw. die *Rentabilität* sind erst nach Abschluss des Gesamtprojekts wirklich sichtbar. Wenn also der notwendige wie zeitfressende Konzeptions- und Anforderungsanalyse-Aufwand fehlerbehaftet ist, verläuft die Planung in eine falsche Richtung, und die Methode versagt im Prinzip vom Start weg.

1.1.2 Agiles Arbeiten dank hoher Flexibilität

Um den straffen Prozess des Wasserfallmodells zu durchbrechen, der keine Rückkopplung im Projektverlauf vorsieht, wurde in den vergangenen Jahren eine Vielzahl an *agilen Methoden* entwickelt, die sich durch eine hohe Flexibilität auszeichnen und die Schwerpunkte auf Zusammenarbeit, Kundenzufriedenheit sowie iterative Entwicklung legen.

Allen gemein sind vier wesentliche Werte, die 2001 von einer Reihe namhafter Entwickler während des sogenannten *Snowbird-Meetings* im *Agile Manifesto* (dem Agilen Manifest) formuliert wurden:

- *Individuen/Interaktionen sind wichtiger als Prozesse/Werkzeuge*
- *Funktionierende Software ist wichtiger als umfassende Dokumentation*
- *Kunden-Zusammenarbeit ist wichtiger als Verhandlungsführung*
- *Reagieren auf Veränderung ist wichtiger als das Befolgen eines Plans*

In diesen Werten werden bereits einige Unterschiede zum klassischen Modell sichtbar. Statt einem eher bürokratisch daherkommenden Prozess zu folgen, bricht man das Projekt auf und konzentriert sich auf schnelle *Iteration*. Aufgaben und Themenbereiche werden in kurzen *Zyklen* – besser bekannt als *Sprints* – bearbeitet, getestet und abgeschlossen. Dies erlaubt es den Entwicklern, auf jegliche Änderung sowie auf *Kundenfeedback* schnell zu reagieren und neue Erkenntnisse in ihren Arbeitsprozess einfließen zu lassen.

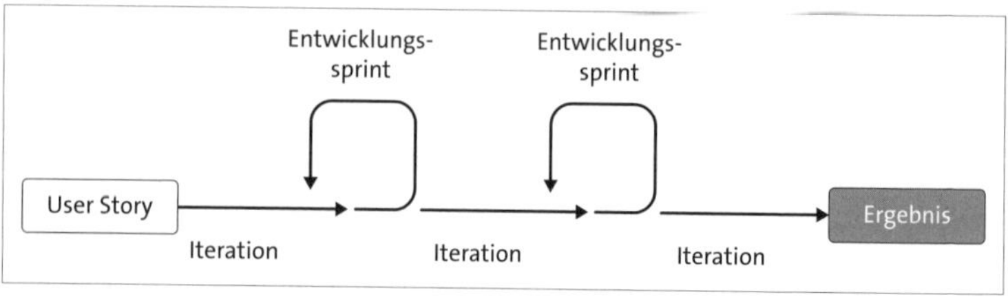

Abbildung 1.2 Agiles Arbeiten

Die Anforderungen und Aufgaben ziehen die selbstorganisierten Teams aus den im Vorfeld erarbeiteten *User Stories*, die sich als *Anwendungsfälle* an den *Nutzerbedürfnissen* orientieren und den Mehrwert für die User beschreiben. Siehe Abschnitt 2.12.1, »Anforderungen vom Start weg klar definieren«.

Dank der Sprints, die über wenige Tage bis hin zu mehreren Wochen dauern, können Ideen schnell überprüft und verwirklicht werden, da am Ende jedes Arbeitszyklus eine fertige Produktfunktion bzw. ein *Prototyp* steht, der von den Nutzern getestet werden kann. Die so in jedem Durchgang ermittelten Ergebnisse geben weitere Aufschlüsse über »Das, was funktioniert« und »Das, was (noch) nicht funktioniert«, sodass sie in den nächsten Sprint eingebaut werden können.

Die zehn Hauptmerkmale agiler Projekte und der eingesetzten Methodiken lassen sich daher wie folgt aufschlüsseln:

- **Iterative und inkrementelle Entwicklung:** Agile Projekte werden in kleine, überschaubare *Inkremente* oder *Iterationen* unterteilt, wobei jede Iteration zu einem potenziell lieferbaren Produktinkrement führen soll. Dieser iterative Ansatz ermöglicht die frühzeitige Bereitstellung wertvoller Funktionen und erleichtert kontinuierliches Feedback und Verbesserungen.
- **Kundenzentriert:** Agile legt großen Wert auf das Verständnis und die Priorisierung der *Kundenbedürfnisse*. Kundenfeedback wird aktiv eingeholt und in die laufende Projektentwicklung integriert, um sicherzustellen, dass das Endprodukt den Kundenerwartungen entspricht. Siehe Abschnitt 2.11, »Den Kontext und den Nutzer verstehen«.

- **Kollaborative Teams:** Agile fördert die Zusammenarbeit zwischen *funktionsübergreifenden Teams*, darunter Entwickler, Designer, Tester und Geschäftsinteressenten. Diese Teams arbeiten während des gesamten Projekts eng zusammen und fördern so eine bessere Kommunikation und Problemlösung. Siehe Abschnitt 2.7, »Relevante Rollen im Projektmanagement«.
- **Adaptive Planung:** Agile Projekte begrüßen Veränderungen. Anstatt sich auf starre Vorabpläne zu verlassen, passen agile Teams ihre Pläne und Prioritäten an, wenn neue Informationen verfügbar werden oder sich Anforderungen ändern.
- **Häufige Lieferungen:** Agile Projekte zielen darauf ab, in regelmäßigen Abständen funktionierende Inkremente des Produkts bereitzustellen, oft in zwei- bis vierwöchigen Zyklen, die als »Sprints« (in Scrum) oder »Iterationen« (in anderen agilen Frameworks) bekannt sind. Die konstante Bereitstellung ermöglicht eine schnelle Validierung von Funktionen und bietet Möglichkeiten für Kurskorrekturen.
- **Ungewissheit annehmen:** Agile erkennt an, dass bei vielen Projekten der volle Umfang und die Anforderungen initial nicht oder nur teilweise bekannt sind. Anstatt zu versuchen, alles im Voraus zu definieren, konzentrieren sich agile Projekte daher auf das Bekannte und passen sich an, wenn neue Informationen bereitstehen. Siehe Abschnitt 2.12.2, »Flexibel auf veränderte Anforderungen reagieren«, sowie Abschnitt 3.1.6, »Agile Requirements Engineering«.
- **Feedbackschleifen:** Agile integriert *Feedbackschleifen* auf verschiedenen Ebenen. Tägliche *Stand-up-Meetings*, *Sprint-Reviews* und *Retrospektiven* sind Beispiele für Mechanismen, um Feedback einzuholen und notwendige Anpassungen vorzunehmen.
- **Selbstorganisierende Teams:** Um die Kreativität und das Verantwortungsbewusstsein zu fördern, sind agile Teams oft selbstorganisierend, was bedeutet, dass sie die Autonomie haben, Entscheidungen darüber zu treffen, wie Projektziele erreicht werden sollen. Siehe Abschnitt 3.4.4, »Teamqualifizierung und -performance«.
- **Transparenz:** Agile fördert die *Transparenz* in allen Aspekten des Projekts, einschließlich Fortschrittsverfolgung, Identifizierung von

Hindernissen und Entscheidungsfindung. Diese Transparenz hilft Teams, Probleme schnell zu erkennen und zu beheben.

- **Agile Frameworks:** Es gibt verschiedene *Agile Frameworks*, wobei *Scrum* und *Kanban* zu den bekanntesten und etabliertesten Rahmenwerken zählen. Diese Frameworks bieten spezifische Richtlinien und Praktiken für die Umsetzung agiler Prinzipien in verschiedenen Projektkontexten. Siehe Abschnitt 3.4.6, »Agiles Arbeiten mit Scrum und/oder Kanban«.

1.1.3 Lean Management zur Prozessoptimierung

Dank verschiedener Überschneidungen mit Prinzipien aus dem *Lean Management*, das sich aus der fertigungs- und produktionsbezogenen Industrie entwickelt hat und sich vermehrt mit der Standardisierung, Vereinfachung und Optimierung von Prozessen beschäftigt, lassen sich Agile- und Lean-Management-Methoden je nach Projektziel und Unternehmensstrategie kombinieren.

Beide Ansätze vereint dabei das Streben nach (unerreichbarer) Perfektion und der Wille zu kontinuierlicher Verbesserung, wobei der Ursprungsgedanke der *Lean-Philosophie* in der Minimierung von Verschwendung und der Maximierung der Wertschöpfung liegt, um effizienter arbeiten zu können.

Übertragen in den Projektmanagement-Kontext können Lean-Ansätze so neben einer allgemeinen Verbesserung der Projekteffizienz dabei helfen, die Kosten zu senken, die Qualität zu steigern und bessere Ergebnisse zur Zufriedenheit der Teams wie auch der Kunden zu liefern.

Die in Abbildung 1.3 aufgelisteten Grundpfeiler des Lean Managements lassen sich daher wie folgt beschreiben:

- **Verschwendung minimieren:** Lean-Projektmanagement zielt darauf ab, verschiedene Formen von Verschwendung zu beseitigen oder zu reduzieren, wie z. B. unnötige Aufgaben, Verzögerungen, Überproduktion, übermäßige Lagerbestände und ineffiziente Prozesse. Ziel ist es, die Ressourcenauslastung zu optimieren und Kosten zu senken.

- **Wertstrom-Mapping:** Lean-Projektmanager nutzen oft das *Wertstrom-Mapping*, um den gesamten Projektprozess von der Initiierung bis zum Abschluss zu analysieren und zu visualisieren. Dies hilft dabei, Engpässe, Verschwendungsbereiche und Verbesserungsmöglichkeiten zu identifizieren.
- **Kontinuierliche Verbesserung:** Kontinuierliche Verbesserung, oft auch als *Kaizen* bezeichnet, ist ein grundlegendes Prinzip des Lean-Projektmanagements. Die Teams bewerten ihre Prozesse regelmäßig, holen Feedback ein und nehmen schrittweise Verbesserungen vor, um die Effizienz und Qualität zu steigern.
- **Pull-System:** In einem Lean-Projektmanagement-Kontext sollte die Arbeit nach Bedarf gezogen (pulled) und nicht auf der Grundlage von Zeitplänen verschoben werden. Das bedeutet, dass Arbeiten dann eingeleitet oder vorangetrieben werden, wenn ein echter Bedarf dafür besteht, und nicht nach starren Zeitvorgaben.

Abbildung 1.3 Lean Management

- **Stärkung der Teams:** Lean-Projektmanagement bedeutet oftmals, den Teams mehr Autonomie und Entscheidungsbefugnis zu geben, da befähigte Teams besser gerüstet sind, um Anpassungen und Verbesserungen in Echtzeit vorzunehmen.
- **Kundenorientierung:** Lean legt großen Wert darauf, die Bedürfnisse und Erwartungen der Kunden zu verstehen und zu erfüllen. Projektmanager sind bestrebt, dem Kunden so effizient wie möglich einen Mehrwert zu bieten.
- **Visuelles Management:** Visuelle Tools wie *Kanban Boards* werden im Lean-Projektmanagement häufig verwendet, um eine klare visuelle Darstellung des Arbeitsfortschritts, der Prioritäten und der Engpässe zu ermöglichen.
- **Just in Time (JIT):** Das *JIT-Prinzip* von Lean Manufacturing ist auch auf das Projektmanagement anwendbar. Dabei geht es darum, Projektkomponenten oder Aufgaben genau dann zu liefern, wenn sie benötigt werden, wodurch der Bedarf an Überbeständen oder vorzeitiger Arbeit reduziert wird.
- **Respekt vor Menschen:** Lean-Projektmanagement schätzt die Beiträge und Perspektiven der Teammitglieder. Es fördert eine Kultur des Respekts, der Zusammenarbeit und des kontinuierlichen Lernens.

1.1.4 Kein Projekt gleicht dem anderen

Jedes Entwicklungsmodell verfügt über Vor- und Nachteile. Während das Wasserfallmodell mit seinem sequenziellen Ansatz einfach zu verwalten ist und sich vor allem für Projekte mit genau definierten Anforderungen, bei denen keine Änderungen zu erwarten sind, eignet, besticht die Agile-Methode durch eine hohe Flexibilität, die Änderungen in jeder Phase erlaubt. Die Projektanforderungen sind somit nicht in Stein gemeißelt, und die kürzeren Arbeitszyklen erlauben eine schnellere Fehlererkennung sowie eine frühe Einbindung des Endnutzers als begleitende Konstante.

Die Prinzipien des Lean Managements überschneiden sich hingegen in vielerlei Hinsicht mit denen des agilen Ansatzes, insofern beide Prinzipien auf stetige Optimierung ausgelegt sind und im Prinzip kein »fertig« kennen. Anders ausgedrückt: In Agile steckt bereits Lean – oder Agile ist die Weiterentwicklung von Lean, da der *Nutzerfokus* wie auch der Innovationsraum ausgedehnt werden.

Klar ist, dass jegliches Projekt mit seinen speziellen Anforderungen, Eigenheiten und Herausforderungen aufwartet. Deshalb muss je nach Unternehmen und Projekt individuell entschieden werden, welches Vorgehensmodell sich am besten für die Umsetzung eignet oder ob Sie eine Art Kombination aus dem Pulk an Methodiken ausarbeiten. Royce selbst hat schließlich bereits in seiner Publikation mehrere optionale Phasen und Iterationen in das Modell eingebaut, die getestet werden sollten.

Schlussendlich geht es einzig und allein darum, die Rahmenbedingungen zu ermöglichen, um klare Arbeitsschritte vorzugeben und das Projekt schlichtweg planbar zu machen, ohne das Team unnötig in ein zu festgezogenes Korsett zu zwängen. Dass die mit der Digitalisierung einhergehenden disruptiven Marktveränderungen und die fortschreitende Technologisierung nach mehr Flexibilität und Anpassungsfähigkeit verlangen, kann aber weder verschwiegen noch ausgeblendet werden.

1.2 Besonderheiten und Merkmale eines digitalen Projekts

Digitale Projekte weisen häufig besondere Merkmale auf, die sie von anderen Projekttypen unterscheiden, da sie ein unglaublich breites Spektrum an Initiativen im Zusammenhang mit digitalen Technologien und *Online-Präsenz* umfassen.

Einige der wichtigsten Besonderheiten digitaler Projekte sind die nachfolgenden:

- **Rasante technologische Fortschritte:** Digitale Projekte werden stark von der sich schnell entwickelnden Technologie beeinflusst. Es entstehen ständig neue Tools, Plattformen und Software, die sich auf Projektanforderungen, Methoden und sogar auf die Durchführbarkeit des gesamten Projekts auswirken können.

- **Komplexität und Vernetzung:** Digitale Projekte enthalten oft Systeme und Netzwerke, die aufgrund der notwendigen Integration verschiedener Komponenten wie Datenbanken, Frontend-Schnittstellen und Backend-Systemen eine hohe Komplexität aufweisen.
- **Benutzerzentrierter Fokus:** *User Experience (UX)* und *User Interface Design (UI Design)* sind bei digitalen Projekten von größter Bedeutung. Es hat oberste Priorität sicherzustellen, dass die Endbenutzer eine nahtlose und angenehme Interaktion mit dem digitalen Produkt haben. Siehe Abschnitt 2.11, »Den Kontext und den Nutzer verstehen«.
- **Kontinuierliche Bereitstellung:** Viele digitale Projekte verfolgen einen agilen sowie iterativen Ansatz und zielen darauf ab, regelmäßig kleine, inkrementelle Updates oder Funktionen bereitzustellen. Dieser Ansatz ermöglicht eine schnellere Rückmeldung und Anpassung an sich ändernde Benutzerbedürfnisse. Siehe Abschnitt 3.1.6, »Agile Requirements Engineering«.
- **Datengesteuerte Entscheidungsfindung:** Digitale Projekte erzeugen oft riesige Datenmengen. Die Analyse dieser Daten ist maßgeblich, um fundierte Entscheidungen über Funktionserweiterungen, Benutzerverhalten und Leistungsoptimierungen zu treffen.
- **Sicherheitsbedenken:** *Cybersicherheit* ist ein wichtiger Aspekt bei digitalen Projekten, da der Schutz sensibler Daten und die Gewährleistung der Systemintegrität entscheidende Aspekte in der Projektplanung und -durchführung darstellen. Siehe Abschnitt 2.2.4, »Technische Herausforderungen stehen im Weg«.
- **Skalierbarkeit:** Digitale Projekte müssen dem Wachstum der Nutzerzahlen oder des Datenvolumens Rechnung tragen. *Skalierbarkeit* ist daher ein ständiges Anliegen und das Projekt sollte so konzipiert sein, dass es steigende Anforderungen ohne nennenswerte Unterbrechungen bewältigen kann. Siehe Abschnitt 2.3.1, »Skalierbarkeit, um wettbewerbsfähig zu bleiben«.
- **Integrationsherausforderungen:** Viele digitale Projekte erfordern die Integration von Drittanbieterdiensten oder vorhandenen Systemen. Die Gewährleistung solch einer reibungslosen Integration und eines ununterbrochenen Datenflusses kann schnell zu einer komplexen Auf-

gabe werden. Siehe Abschnitt 2.3.6, »Komplexität zielgerichtet und nachhaltig durchdringen«.

- **Responsive Design:** Angesichts der zunehmenden Verbreitung unterschiedlicher Geräte und Bildschirmgrößen erfordern digitale Projekte oft *Responsive Design*, um die Benutzerfreundlichkeit auf verschiedenen Plattformen, einschließlich Desktops, Tablets und Mobilgeräten, sicherzustellen.
- **Tests und Qualitätssicherung:** Um sicherzustellen, dass das digitale Produkt wie vorgesehen funktioniert, sind strenge Tests, einschließlich Funktionstests, Usability-Tests und Leistungstests, unerlässlich. Siehe Abschnitt 2.8.2, »Qualitätssicherung«.
- **Iterative Entwicklung:** Agile Methoden wie Scrum oder Kanban werden häufig in digitalen Projekten verwendet, um die iterative Entwicklung zu erleichtern und eine kontinuierliche Verbesserung auf der Grundlage des Benutzerfeedbacks zu ermöglichen. Siehe Abschnitt 3.4.6, »Agiles Arbeiten mit Scrum und/oder Kanban«.
- **Nutzerfeedback und Analysen:** Digitale Projekte sind stark auf Nutzerfeedback und Analysetools angewiesen, um Entscheidungen zu treffen und die Funktionsentwicklung zu priorisieren.
- **Content-Management:** Bei vielen digitalen Projekten handelt es sich um *Content-Management-Systeme (CMS)* oder *digitale Assets*, die eine sorgfältige Organisation, Aktualisierung und Wartung erfordern.
- **Marketing-Integration:** Bei digitalen Projekten mit Öffentlichkeitscharakter ist die Integration digitaler Marketingstrategien wie *Suchmaschinenoptimierung (SEO)*, Social Media und Online-Werbung oft entscheidend für den Erfolg.
- **Kontinuierliche Überwachung:** Nach der Bereitstellung erfordern digitale Projekte eine kontinuierliche Überwachung der Leistung, Sicherheit und Benutzereinbindung. Regelmäßige Updates und Wartung sind in der Regel Teil des *Projektlebenszyklus*. Siehe Abschnitt 2.4.3, »Kontinuierliche Überwachung«.
- **Globale Reichweite:** Digitale Projekte haben oft ein globales Publikum, weshalb Lokalisierungs- und Internationalisierungsüberlegungen wichtig sind, um unterschiedliche Märkte und Kulturen zu erreichen.

Zusammenfassend lässt sich sagen, dass sich digitale Projekte durch ihren dynamischen und technologiegetriebenen Charakter auszeichnen, wobei der Schwerpunkt auf Benutzererfahrung, Datennutzung und Anpassungsfähigkeit in einer sich stetig weiterentwickelnden digitalen Landschaft liegt. Erfolgreiches digitales Projektmanagement erfordert deshalb ein tiefes Verständnis dieser besonderen Merkmale und die Fähigkeit, die damit verbundenen Herausforderungen zu meistern. Siehe Abschnitt 2.3, »Potenziale und Herausforderungen«, sowie Abschnitt 2.6, »Wichtige Projektarten und Ebenen im Projektmanagement«.

1.3 Rollen und Verantwortlichkeiten eines digitalen Projekts

Klare Rollendefinitionen und Verantwortlichkeiten sind entscheidend für die erfolgreiche Planung, Durchführung und Fertigstellung digitaler Projekte, wobei der Bedarf einer spezifischen Rolle je nach Projektgröße, Komplexität und Organisationsstruktur variieren kann.

Und auch wenn es bei kleineren Projekten oder gerade im Start-up-Umfeld eher Regel denn Ausnahme ist, dass sich verschiedene Rollen und Verantwortlichkeiten überschneiden, notwendigerweise kombiniert werden oder sich im Projektverlauf weiterentwickeln, wollen wir Ihnen zunächst einen Überblick über das vielfältige Rollenverständnis im digitalen Kontext liefern:

- **Projektmanager:**
  - Hält die Gesamtverantwortung für den Projekterfolg.
  - Verantwortlich für die Ressourcenzuweisung, das Finanzmanagement sowie die Projekt- und Terminplanung.
  - Analysiert Risiken und erarbeitet Maßnahmen zu deren Minderung.
  - Leitet die Kommunikation mit den Stakeholdern.
  - Überwacht den Projektfortschritt und stellt diesen sicher.
- **Product Owner (PO) oder Produktmanager:**
  - Definiert die Vision, Ziele und Vorgaben des Projekts.
  - Priorisiert und verwaltet den Projektrückstand.

  - Stellt die Bedürfnisse des Kunden oder Endbenutzers dar.
  - Arbeitet eng mit dem Entwicklungsteam zusammen.
  - Trifft wichtige Produktentscheidungen.
- **Scrum Master:**
  - Stellt die Einhaltung agiler Prinzipien und Praktiken sicher.
  - Erleichtert *Scrum-Zeremonien* (z. B. tägliche Stand-ups, Sprint-Planung, Sprint-Review).
  - Beseitigt Hindernisse und hilft dem Team, konzentriert zu bleiben.
- **Entwicklungsteam:**
  - Umfasst Entwickler, Designer, Tester und andere Spezialisten.
  - Verantwortlich für den Aufbau, das Design, das Testen und die Bereitstellung des digitalen Produkts.
  - Arbeitet eng mit dem Product Owner und/oder Manager zusammen.
  - Implementiert die im Projektumfang definierten Features und Funktionalitäten.
- **UI/UX-Designer:**
  - Erstellt Benutzeroberflächendesigns, die optisch ansprechend und benutzerfreundlich sind.
  - Arbeitet mit dem Entwicklungsteam zusammen, um die Designumsetzung sicherzustellen.
  - Führt Benutzerforschung und *Usability-Tests* durch, um Designentscheidungen zu treffen.
- **Qualitätssicherungsteam (QA):**
  - Stellt sicher, dass das digitale Produkt den *Qualitätsstandards* entspricht.
  - Führt Tests durch, einschließlich Funktions-, Benutzerfreundlichkeits- und Leistungstests.
  - Identifiziert und meldet Mängel und Probleme zur Lösung.

- **Content Manager:**
  - Verwaltet und aktualisiert Inhalte auf digitalen Plattformen wie Websites oder Apps.
  - Stellt sicher, dass der Inhalt korrekt und aktuell sowie auf die Ziele des Projekts abgestimmt ist.
- **Datenbankadministrator (DBA):**
  - Verwaltet und pflegt die Datenbanken und den Datenspeicher des Projekts.
  - Gewährleistet Datensicherheit, Integrität und optimale Leistung.
- **IT-Support:**
  - Hilft bei der Einrichtung, Konfiguration und Wartung der Infrastruktur.
  - Stellt sicher, dass die technische Umgebung des Projekts zuverlässig und verfügbar ist.
- **Spezialist für digitales Marketing:**
  - Entwickelt und implementiert digitale Marketingstrategien (z. B. soziale Medien, *Suchmaschinenmarketing (SEM)* und -optimierung), wenn das Projekt öffentlich zugängliche digitale Assets umfasst.
  - Analysiert digitale Marketingkennzahlen und Benutzerinteraktionen.
- **Sicherheitsspezialist:**
  - Setzt seinen Schwerpunkt auf Aspekte der Cybersicherheit, einschließlich der Identifizierung von Schwachstellen und der Implementierung von Sicherheitsmaßnahmen zum Schutz digitaler Vermögenswerte und Benutzerdaten.
- **Analytiker und Datenanalyst:**
  - Sammelt, analysiert und interpretiert Daten, um Einblicke in das Benutzerverhalten und die Projektleistung zu gewinnen.
  - Bietet datengesteuerte Empfehlungen zur Verbesserung.

- **Rechts- und Compliance-Beauftragter:**
  - Stellt sicher, dass das Projekt rechtliche und behördliche Anforderungen einhält, wie *Datenschutzgesetze* (z. B. DSGVO) oder branchenspezifische Vorschriften.
- **Finanzanalyst/Budgetmanager:**
  - Verwaltet die Projektfinanzen.
  - Überwacht die Ausgaben und stellt die Einhaltung des Budgets sicher.
- **Ansprechpartner für Stakeholder und Kunden:**
  - Kommuniziert mit Projektbeteiligten und Kunden.
  - Stellt Aktualisierungen bereit und sammelt Feedback.
- **Change-Management-Spezialist:**
  - Hilft bei der Bewältigung von Änderungen und Übergängen, insbesondere wenn das Projekt neue Technologien oder Prozesse in die Organisation einführt.
- **Spezialist für Benutzerunterstützung und Schulung:**
  - Bietet Benutzerunterstützung und Schulungsmaterialien, wenn das digitale Produkt des Projekts kundenorientiert ist oder von Mitarbeitern verwendet wird.

Einen genaueren Überblick über die relevantesten Rollen und Verantwortlichkeiten im digitalen Projekt-Kontext finden Sie in Abschnitt 2.7, »Relevante Rollen im Projektmanagement«, zum Nachschlagen.

1.4 Management- und Skillanforderungen eines digitalen Projekts

Digitale Projekte erfordern zumeist spezifische Fähigkeiten und umfassen je nach Art des Projekts, seinen Zielen und den beteiligten Rollen ein Sammelsurium an Managementanforderungen, um eine erfolgreiche Planung, Ausführung und Lieferung sicherzustellen.

Eine Kombination aus technischem Fachwissen, Managementfähigkeiten, benutzerzentriertem Denken, emotionaler Intelligenz und Anpassungsfähigkeit, um sich in der dynamischen digitalen Landschaft zurechtzufinden, hebt das Anforderungsprofil eines modernen Projektmanagers dabei schnell auf eine Ebene, die fast unerreichbar scheint.

Wir würden Ihnen nun gerne sagen, dass Sie ja nicht allein sind. Wie ein Fußballtrainer sammeln Sie schließlich Ihr Team und Ihre Fans um sich, verlassen sich auf verschiedene Rollen, Expertisen und Unterstützer und verteilen die Aufgaben auf mehreren Schultern. Dabei ist es logisch, dass, je besser Ihr Team ist, desto einfacher im Umkehrschluss auch Ihr Job wird.

Doch wie ein Fußballtrainer sind Sie in der Verantwortung und werden an den Ergebnissen gemessen. Sie führen das Team an, geben den Matchplan vor und treffen die Entscheidungen. Sie bilden die Speerspitze – die alleinige Speerspitze. Und wenn Sie nichts von Taktik, Standards und Techniken verstehen, Ihre Vorstellungen nicht an Team und Fans kommunizieren und Ihren Spezialisten nicht auf einer gewissen Augenhöhe begegnen können, dann werden Sie mit großer Wahrscheinlichkeit keinen Erfolg haben.

Deshalb ist es unerlässlich, sich mit den wichtigsten Fähigkeiten, die bei der Umsetzung eines digitalen Projekts benötigt werden, auseinanderzusetzen und sich im Optimalfall im Gros der folgenden Anforderungen wiederzufinden:

- **Technische Expertise:**
  - *Entwicklungskompetenzen:* Je nach Projekt benötigen Sie möglicherweise Fachwissen in Programmiersprachen, Webentwicklung, Entwicklung mobiler Apps oder anderen technischen Bereichen.
  - *Datenbankkenntnisse:* Sie verfügen über ein grundlegendes Verständnis von Datenbanken und Datenmanagement.
  - *Infrastruktur und Cloud-Dienste:* Sie sind mit Cloud-Plattformen und -Infrastrukturen vertraut, die für das Hosten digitaler Produkte von entscheidender Bedeutung sein können.
  - *Sicherheitsbewusstsein:* Sie haben Kenntnisse über Best Practices und Maßnahmen zur Cybersicherheit zum Schutz digitaler Vermögenswerte und Benutzerdaten.

- **Projektmanagementfähigkeiten:**
  - *Planung und Terminierung*: Sie kennen sich mit Projektplanungstools und -methoden zur Erstellung und Verwaltung von Projektplänen aus.
  - *Ressourcenmanagement:* Sie können Ressourcen effektiv zuweisen und verwalten – einschließlich Teammitgliedern und Budgets.
  - *Risikomanagement:* Sie können Projektrisiken frühzeitig identifizieren und Maßnahmen zu deren Minimierung erarbeiten, um Probleme zu verhindern, die sich auf die Projektzeitpläne und -qualität auswirken können.
  - *Stakeholder-Kommunikation:* Sie verfügen über ausgeprägte Kommunikationsfähigkeiten, um Stakeholder auf dem Laufenden zu halten, Erwartungen zu verwalten und Bedenken auszuräumen.
  - *Agile/Scrum:* Sie haben ein umfassendes Verständnis von agilen Prinzipien und Erfahrung im Management agiler Teams und Prozesse.
- **Benutzerzentrierter Ansatz:**
  - *User Experience Design:* Sie sind vertraut mit UX-Prinzipien, einschließlich Benutzerforschung, *User Journey Mapping* und Usability-Tests.
  - *Design der Benutzeroberfläche (UI):* Sie haben Kenntnisse in der Erstellung benutzerfreundlicher und optisch ansprechender Benutzeroberflächen.
  - *Umgang mit Benutzerfeedback:* Sie wissen, wie man effektiv Benutzerfeedback für iterative Verbesserungen sammeln, interpretieren und priorisieren kann.
- **Qualitätssicherung und Prüfung:**
  - *Testplanung:* Sie können umfassende Testpläne und Testfälle erstellen.
  - *Testtools:* Sie haben Kenntnisse im Umgang mit Testtools und Frameworks für Funktions-, Leistungs- und Sicherheitstests.

  - *Fehlermanagement:* Sie kennen verschiedene Möglichkeiten, wie Fehler und Probleme verfolgt, gemeldet und priorisiert werden können.
- **Datenmanagement:**
  - *Datenanalyse:* Sie können Daten analysieren, um Erkenntnisse abzuleiten und Entscheidungen zu treffen.
  - *Datenschutz und Compliance*: Sie kennen sich mit Datenschutzbestimmungen und Compliance-Anforderungen aus.
- **Content-Management:**
  - *Content-Strategie:* Sie sind dazu befähigt, digitale Inhalte effektiv zu planen, zu erstellen und zu verwalten.
- **Kontinuierliches Lernen und Anpassung:**
  - *Anpassungsfähigkeit:* Sie haben die Bereitschaft und Fähigkeit, sich an sich entwickelnde Technologien und Trends anzupassen.
  - *Kontinuierliche Verbesserung:* Sie verfügen über eine Denkweise, die nach Möglichkeiten für Prozess- und Produktverbesserungen sucht.
- **Problemlösung und kritisches Denken:**
  - *Analytische Fähigkeiten:* Sie sind in der Lage, komplexe Probleme zu analysieren und effektive Lösungen zu entwickeln.
  - *Fehlerbehebung:* Sie können technische Probleme diagnostizieren und lösen.
- **Führung und Teammanagement:**
  - *Teambuilding:* Sie wissen, wie man funktionsübergreifende Teams aufbaut und leitet.
  - *Konfliktlösung:* Sie sind geschult darin, Konflikte zu lösen und die Zusammenarbeit zu erleichtern.
- **Geschäftssinn:**
  - *Verständnis der Geschäftsziele:* Sie haben ein Bewusstsein dafür, wie digitale Projekte mit den strategischen Zielen der Organisation übereinstimmen.
  - *Return on Investment (ROI):* Sie können den Projekt-ROI messen und wissen, wie man ihn optimieren kann.

Kapitel 2

Von der Idee zum erfolgreichen digitalen Projekt

Ein grundlegendes Management-Rahmenwerk, das den Prozess zur Erreichung eines Ziels oder eines bestimmten Ergebnisses definiert und die Durchführung eines digitalen Projekts von Anfang bis Ende beschreibt.

Um aus einer Idee ein erfolgreiches Projekt zu machen, sind sorgfältige Planung, eine klare Vision und fortlaufende Anstrengungen erforderlich. In diesem Kapitel möchten wir Ihnen deshalb ein Rahmenwerk als Leitfaden bieten, das die wichtigsten Managementanforderungen und Steuerungselemente, grundlegende Basics und Vorüberlegungen sowie erste Tools vorstellt, die in ihrer Gesamtheit die Voraussetzung dafür bilden, dass Sie Ihr nächstes Projekt effektiv und unter Berücksichtigung aller Einflussfaktoren verwalten und erfolgreich gestalten können.

Von den häufigsten Fehlannahmen in Abschnitt 2.2 über die wichtigsten Projektarten in Abschnitt 2.6 bis hin zum vielfältigen Thema Kommunikation im Projektmanagement in Abschnitt 2.10 oder dem oftmals unterschätzten Eingehen auf den Nutzerkontext in Abschnitt 2.11 – begleiten Sie uns durch den Prozess der Durchführung eines Projekts vom Startpunkt bis zum Ende.

Die folgenden Bulletpoints, die Ihnen auch im weiteren Verlauf des Buches begegnen werden, nutzen wir, um Ihnen einen schnellen und direkten Überblick über den Inhalt dieses Kapitels und der umfassenderen Folgekapitel zu geben. Falls Sie also Ihren Handlungsraum (siehe Abschnitt 2.9) bereits ausdefiniert haben und es Ihnen akut um das Anforderungsmanagement geht, nur zu – Abschnitt 2.12 wartet bereits auf Sie.

[»]

Was Sie hier erwartet

- **2.1 Der Start eines digitalen Projekts**

  Jede Projektreise startet mit einer Idee – und diese muss vor der detaillierten Projektplanung identifiziert und validiert werden.

- **2.2 Häufige Fehlannahmen und Probleme**

  Knapp drei Viertel aller digitalen Projekte verfehlen ihre Ziele. Was verbirgt sich zumeist hinter diesem Scheitern?

- **2.3 Potenziale und Herausforderungen**

  Die digitale Transformation definiert neu, wie wir modernste Technologien, agile Prozesse und Mitarbeiter einsetzen, um innovative Umsatzmodelle und flexible Lösungsansätze für die Herausforderungen der Neuzeit zu gestalten.

- **2.4 Budget und Mittel im Projektmanagement**

  Die effiziente Zuweisung und die Verwaltung von Ressourcen und Budgets sind eine der grundlegendsten Säulen für erfolgreiches Projektmanagement.

- **2.5 Roadmap und Ziele des Projektmanagements**

  Die Skizzierung eines genauen Fahrplans bildet die Basis für die strategische Planung. Eine Roadmap ermöglicht eine klare Übersicht über die Projektziele und zeigt, wie sich der Weg dorthin gestaltet.

- **2.6 Wichtige Projektarten und Ebenen im Projektmanagement**

  Es gibt zahlreiche Projektarten, die alle ihre teils einzigartigen Merkmale, Herausforderungen und Ziele mit sich bringen. Durch die klare Identifizierung des Projekttyps können daher auch Methoden, Ansätze und Tools an die spezifischen Projektanforderungen angepasst werden.

- **2.7 Relevante Rollen im Projektmanagement**

  Im digitalen Projektmanagement gibt es verschiedene relevante Rollen, die einen umfassenderen Ansatz verfolgen und zur erfolgreichen Planung und Umsetzung eines Projekts beitragen.

- **2.8 Aufgaben und Verantwortung im Projektmanagement**
  Neben den klassischen Bereichen wie Planung, Überwachung und Kontrolle des Projektverlaufs wird das Management digitaler Initiativen mit zusätzlichen, oftmals weitaus komplexeren Herausforderungen konfrontiert, die es zu lösen gilt.
- **2.9 Handlungsraum im Projektmanagement**
  Der Handlungsraum bezieht sich auf den Aktionsraum, innerhalb dessen ein Projektmanager Entscheidungen treffen kann, sowie auf dessen Umfang und Grenzen, die sich je nach Projektgröße und -struktur unterscheiden.
- **2.10 Kommunikation im Projektmanagement**
  Effektive Kommunikation mit verschiedenen Stakeholdern ist im Projektmanagement eine absolute Notwendigkeit, um die Planung und Durchführung eines Projekts sicherzustellen.
- **2.11 Den Kontext und den Nutzer verstehen**
  Ein digitales Vorhaben entsprechend den Anforderungen und Wünschen der Anwender zu gestalten und die darin liegende inhärente Komplexität zu durchdringen ist unabdingbar, wenn es um das Thema Nutzerakzeptanz geht.
- **2.12 Anforderungen ableiten, beschreiben und managen**
  Requirements Engineering stellt die Grundlage für den Aufbau eines jeden Projekts dar und bildet die Brücke zwischen einer initial losen Idee und deren schlussendlicher Umsetzung.
- **2.13 Ein digitales Projekt erfolgreich abschließen**
  Der Projektabschluss gehört zu jedem Projekt, um offene Fragen zu klären, Knowhow weiterzugeben, das Vollbrachte mitzuteilen und sicherzustellen, dass die Ergebnisse auch ihre Wirkung entfalten.

2.1 Der Start eines digitalen Projekts

Jede Projektreise beginnt mit einer Idee – die durch einen Bedarf, ein zu lösendes Problem oder eine zu ergreifende Chance inspiriert wurde. Die

Umsetzung und der tatsächliche Mehrwert einer Idee entstehen aber nicht im luftleeren Raum, weswegen sie zunächst validiert werden muss:

- **Was ist das zu lösende Problem?**

  Eine einfach erscheinende Frage, die aber viel zu häufig unterschätzt und nicht ausreichend geklärt wird. Fokussieren Sie sich nicht direkt auf verschiedene Aspekte und Symptome des Problems, sondern auf das Problem selbst. Können Sie das eigentliche Problem und den Grund, warum dessen Lösung wichtig ist, nicht in einem Satz verständlich darstellen, werden Sie auch die nächste Frage nicht beantworten können.

- **Warum ist das Projekt notwendig?**

  Es muss einen klaren Existenzgrund für das Projekt geben, der mit einem Versprechen für die Zukunft einhergeht. Welchen *Business Impact* versprechen Sie sich? Geht es um die Erweiterung des Marktes, um Kundenzufriedenheit, um die Steigerung der Qualität, um Kostensenkungen, um kurzfristige Lösungen oder um langfristige Strukturveränderungen? Ohne eine definitive Klärung des *Warums* werden Sie auch niemand von Ihrer Vision überzeugen können. Siehe Abschnitt 3.3.2, »Vision und Mission des Projekts«.

Kurz gesagt, bevor Sie in die detaillierte Planung eintauchen und ein Projekt initialisieren, sollten Sie im ersten Schritt immer zunächst die Idee identifizieren und validieren, indem Sie den Bedarf oder die Nachfrage des Projekts unmissverständlich herausarbeiten. Danach können Sie in Schritt zwei das Projekt und dessen Umfang ausdefinieren. Welche spezifischen Ziele sind gesetzt und welche Ergebnisse sind erwartbar?

Erst wenn Sie diese essenziellen Fragen geklärt haben, die leider oftmals wenig Beachtung finden, um unausgegorene Ideen schnell in ein Projekt zu verwandeln, können Sie mit der eigentlichen Arbeit des Projektmanagers – die Projektplanung – starten, die den Grundstein für die erfolgreiche Projektdurchführung legt.

Begleiten Sie uns also in den folgenden Abschnitten durch die grundlegenden Aufgaben und einsetzbaren Methoden, die in der Projektvorbereitung geboren werden und über den gesamten Projektverlauf zum Einsatz kommen, sowie durch die Tücken und Risiken, auf die Sie stoßen werden und für die Sie Antworten finden müssen.

2.2 Häufige Fehlannahmen und Probleme

Die fortschreitende Digitalisierung und die damit einhergehenden Change-Prozesse sorgen dafür, dass Projekte sowie deren Anforderungen branchenübergreifend stetig in ihrer Komplexität steigen. Die Projektarbeit selbst nimmt dabei nicht nur eine tragende Rolle im Zusammenhang mit einer zu vollziehenden *digitalen Transformation* ein, sondern stellt bereits jetzt für das Gros deutscher Unternehmen die Basis der Wertschöpfung dar – und das, obwohl viel zu viel schiefgeht!

So verfehlen knapp drei Viertel aller digitalen Projekte weiterhin ihre auserkorenen Ziele oder werden gar als vollkommen gescheitert angesehen. Die Gründe hierfür sind natürlich vielfältig und oftmals im Detail zu suchen. Jedoch ist das Scheitern nicht selten auf bestimmte Kernpunkte zurückzuführen, die für jegliches Projekt – sei es digital oder nicht – den Super-GAU bedeuten können: unpräzise Projektziele, Ressourcenmangel und schlechtes Zeitmanagement. Wir werfen deshalb einen Blick auf die häufigsten Fehlannahmen und Probleme, die digitale Projekte noch immer viel zu häufig begleiten.

Was Sie hier erwartet

- **2.2.1 Der Zeitaufwand wird unterschätzt**

  Ein effizientes Zeitmanagement sowie die klare Verfolgung des Projektfortschritts sind unerlässlich, um unvorhergesehenen Problemen und Verzögerungen entgegenzuwirken und den Erfolg eines Projekts sicherzustellen.

- **2.2.2 Die Anforderungen sind nicht ausreichend geklärt**

  Eine mangelhafte Definition und Klärung der Anforderungen in digitalen Projekten führt oft zu Missverständnissen und Problemen während der Umsetzung.

- **2.2.3 Die Abstimmung mit den Stakeholdern ist unzureichend**
  Es ist entscheidend, alle Beteiligten – einschließlich Mitarbeitern und Stakeholdern – einzubeziehen.
- **2.2.4 Technische Herausforderungen stehen im Weg**
  Technische Herausforderungen wie Datenschutz, Sicherheit und Integration sind Teil eines jeden digitalen Projekts, und es ist unerlässlich, diese Aspekte von Anfang an zu berücksichtigen.
- **2.2.5 Budgets werden überschritten**
  Die sorgfältige Budgetplanung ist ebenso wie die genaue Festlegung des Projektumfangs in digitalen Initiativen entscheidend, um spätere Budgetüberschreitungen und Ressourcenverschwendung zu vermeiden.
- **2.2.6 Die Qualitätssicherung wird nicht ernst genommen**
  Die Qualitätssicherung sollte von Anfang an als integraler Bestandteil eines digitalen Projekts betrachtet werden, da eine späte Einbindung zu kostspieligen Fehlerkorrekturen und Verzögerungen führen kann.
- **2.2.7 Es fehlt an Flexibilität und an Anpassungsfähigkeit**
  Die Schnelllebigkeit der digitalen Welt erfordert von Unternehmen Anpassbarkeit und Flexibilität, da digitale Projekte dazu tendieren, sich im Laufe der Zeit zu verändern.

2.2.1 Der Zeitaufwand wird unterschätzt

Der Faktor Zeit stellt im digitalen Umfeld allein deshalb schon eine wichtige Komponente dar, da es gilt, sich gegen einen mehr und mehr intransparenten Wettbewerb zu behaupten, der mit innovativen sowie disruptiven Ideen dazu in der Lage ist, ganze Marktgefüge aus den Angeln zu heben. Bei der Entwicklung und Umsetzung digitaler Projekte wird diese Komponente dennoch häufig unterschätzt, indem der Umfang des Projekts nicht mit der angemessenen Zeit eingeplant wird.

Ein durchdachtes Zeitmanagement mit einer klaren Nachverfolgung gehört aber zum A und O eines jeden erfolgreichen Projekts, damit der Komplexität der technischen Umsetzung Rechnung getragen und möglichen Verzögerungen beim Auftreten von unvorhergesehenen Problemen und *Abhängigkeiten* Einhalt geboten werden kann. Denn wenn es Usus wird, Deadlines auszudehnen und zu verschieben, entwickelt das Projektvorhaben recht schnell ein Eigenleben, das nur noch schwerlich zurück in die richtigen Bahnen geführt werden kann. Siehe Abschnitt 3.1, »Time, Scope und Budget«.

2.2.2 Die Anforderungen sind nicht ausreichend geklärt

Im digitalen Bereich scheitern viele Projekte bereits an der ganzheitlichen Definition der Anforderungen. Statt Anforderungen im ersten Schritt mit Hilfe eines *Workshops* oder *Sprints Null* frühzeitig detailliert zu erfassen, zu bündeln und zu priorisieren, werden die Rahmenbedingungen in den meisten Projekten nicht ausreichend hinterfragt und geschärft. Werden die wichtigsten Anforderungen aber nicht verbindlich abgesteckt, sind durch die unklaren oder unvollständigen Anforderungen Missverständnisse und Probleme während der Umsetzungen vorprogrammiert. Siehe Abschnitt 2.12.1, »Anforderungen vom Start weg klar definieren«, sowie Abschnitt 3.4.3, »Sprint Null und/oder Proof of Concept (PoC)«.

Handeln die involvierten Parteien zudem nach dem Prinzip des *Alles-auf-einmal-Wollens*, müssen konstant neue Anforderungen aufgenommen werden, und das Anforderungsmanagement wird direkt zur Tortur, da die Anforderungen verwässert werden und bald an zu vielen Ecken Brände gelöscht werden müssen. Eine enge Zusammenarbeit zwischen dem Auftraggeber und dem Entwicklungsteam ist deshalb zwingend erforderlich, um sicherzustellen, dass die Anforderungen klar verstanden werden und alle innerhalb des Projekts die gleiche Sprache sprechen. Siehe Abschnitt 3.2, »Auftraggeber- und Stakeholdermanagement«.

2.2.3 Die Abstimmung mit den Stakeholdern ist unzureichend

Um digitale Initiativen voranzutreiben und im Optimalfall als festen Bestandteil innerhalb eines Unternehmens zu verankern, müssen Sie alle involvierten Parteien mit ins Boot holen. Sowohl Mitarbeiter als auch Stakeholder müssen von den Erfolgsaussichten eines Vorhabens nicht nur überzeugt werden, es muss auch sichergestellt werden, dass ihre Bedürfnisse und Anliegen die notwendige Berücksichtigung finden.

Die Stakeholder sollten deshalb frühzeitig in die Erarbeitung der Anforderungen mit einbezogen und mittels *Management-Reports* kontinuierlich über den Projektfortschritt informiert werden. Regelmäßige Kommunikation und eine transparente *Roadmap* helfen hierbei, dass alle Beteiligten den Überblick behalten und eine gemeinsame Vision hinsichtlich der Zielerreichung aufbauen, damit bei der Projektumsetzung auch wirklich niemand auf der Strecke bleibt. Siehe Abschnitt 2.5, »Roadmap und Ziele des Projektmanagements«, sowie Abschnitt 3.2.3, »Management Reports«.

Eine unzureichende Kommunikation und Abstimmung mit den Stakeholdern führt andernfalls schnell zu unterschiedlichen Erwartungen und einer allgegenwertigen Unzufriedenheit, die das Projekt bereits von Anfang an korrumpieren. Sowohl das Management als auch die verschiedenen Vertreter der crossfunktionalen Teams müssen sich deshalb zur Umsetzung und einer gemeinsamen Zieldefinition bekennen. Siehe Abschnitt 3.2, »Auftraggeber- und Stakeholdermanagement«.

Jeder Beteiligte muss sich seiner Rolle und seiner damit einhergehenden Verantwortlichkeiten bewusst sein, um nicht nur als Zuhörer und sporadischer Feedback-Geber zu glänzen, sondern als wichtiger Teilhaber das Projekt effektiv mitzugestalten. Wenn man sich nicht darauf einigt, *was* erreicht werden soll und *wer* bei der Umsetzung dabei sein muss, braucht man sich damit, *wie* die Lösung aussieht, überhaupt nicht zu beschäftigen, da so nur unterschiedliche Zielvorstellungen und -interpretationen aufeinander prasseln, die auch in wöchentlichen Besprechungen nicht zueinander finden werden. Siehe Abschnitt 3.4.4, »Teamqualifizierung und -performance«.

2.2.4 Technische Herausforderungen stehen im Weg

Digitale Projekte enthalten oft technische Herausforderungen wie Kompatibilitätsprobleme, Integrationsprobleme oder Sicherheitsprobleme. Vor allem der Umgang mit dem Datenschutz und den Sicherheitsfragen rund um das *Internet der Dinge (IoT)* ist bei vielen deutschen Unternehmen aber immer noch als regelrechtes Laisser-faire zu beschreiben. Die meisten wollen die Möglichkeiten und Vorteile neuer Technologien lieber umgehend nutzen, als sich zunächst mit möglichen Sicherheitsbedenken auseinanderzusetzen.

Die zunehmende Vernetzung der Geräte muss aber mit ebenso durchdachten Sicherheitsmechanismen begleitet werden. Das digitale Arbeitsumfeld und auch die Arbeitsweise der Mitarbeiter verschieben sich schließlich immer weiter ins Netz, weshalb bei jeglicher Investition in digitale Systeme keine Kompromisse mehr erlaubt sind. Neue Systeme müssen sich mit dem notwendigen Schutz und so reibungslos wie irgend möglich in die vorhandene Netz- und Infrastruktur einbinden lassen. Schlägt die Integration nämlich fehl, kann das schnell zu Störungen im gesamten Betriebsablauf und somit zu Verzögerungen oder Fehlfunktionen führen.

Dabei geht es nicht nur darum, dass die Kompatibilität der eingesetzten Geräte und Tools sichergestellt wird, sondern auch um das Einbeziehen aller Beteiligten, die sich den neuen Gegebenheiten anpassen müssen. Der Wille zur Adaption und die Offenheit gegenüber digitalen Neuerungen sind daher genauso erforderlich wie die technischen Fertigkeiten und Kenntnisse zur effizienten Problemlösung des Entwicklungsteams.

Schlussendlich gilt: Je schärfer das Bewusstsein für den tatsächlichen Nutzen (also für das, was man erreichen will) ist, desto schneller kann man sich auch den Herausforderungen stellen und sich zur Validierung in die Entwicklung z. B. eines *Minimum Viable Products (MVP)* stürzen, das mit seinen Grundfeatures direkt am Markt vor Kunde getestet werden kann. Siehe Abschnitt 3.1.6, »Agile Requirements Engineering«, sowie Abschnitt 3.4.3, »Sprint Null und/oder Proof of Concept (PoC)«.

2.2.5 Budgets werden überschritten

Gerade bei Initiativen rund um die Digitalisierung sprechen immer mehr Studien von ungenutztem Budget, das nur darauf warte, abgerufen zu werden. Doch unabhängig davon, wie viele Mittel tatsächlich zur Verfügung stehen, führt bei jeglichem Vorhaben kein Weg daran vorbei, das

Projektbudget vorab sorgfältig zu planen und festzulegen. Falsche Annahmen, unvorhergesehene Kosten oder Änderungen im Umfang des Projekts können ansonsten schnell zu einer Überschreitung des Budgets führen. Schlimmstenfalls muss immer mehr Geld investiert werden, und das Projekt verwandelt sich in ein schwarzes Loch. Siehe Abschnitt 2.4.1, »Budgetplanung«.

Wird der Projektumfang korrekt eingeschätzt, kann auch das Budget realistisch geplant sowie Leitlinien hinsichtlich des Budget- und Zeitplans erarbeitet werden, an die sich das Projektteam bindet. Budget, Zeit und Umfang bedingen sich schließlich bei jeglicher Unternehmung und müssen vom Team immer im Blick gehalten, regelmäßig überprüft und kritisch hinterfragt werden, damit keine Fallstricke entstehen und Möglichkeiten innerhalb der Priorisierung erkannt werden, die eine gewisse Flexibilität erlauben. Siehe Abschnitt 3.1, »Time, Scope und Budget«.

2.2.6 Die Qualitätssicherung wird nicht ernst genommen

Die *Qualitätssicherung* ist ein weiterer Aspekt, der als integraler Bestandteil eines digitalen Projekts verstanden werden muss. Jedoch haben nicht nur wir die Erfahrung gemacht, dass die Qualitätssicherung oftmals erst dann einsetzt, wenn es um Ergebnisse geht, statt direkt in die Prozesse mit eingebunden zu werden. Dies ist auch ein Grund dafür, warum die Qualitätssicherung von vielen fälschlicherweise als zu teuer oder zu zeitaufwändig angesehen wird – ist das Projektergebnis durchzogen von Fehlern, Bugs und einer mangelnden Benutzerfreundlichkeit, ist das Kind schließlich schon in den Brunnen gefallen und die Aufräumarbeiten werden lange anhalten.

Der vermeintliche Geldverschleiß, der ausschließlich einer zu spät erfolgten Qualitätssicherung anhaften sollte, kann daher mit einem einfachen Beispiel entkräftet werden: Werden Fehler oder unterlassene Änderungen in der Frühphase des Projekts entdeckt, kostet dies das Unternehmen etwa einen Euro. Passiert dies während der Implementierung, sind wir bereits bei mindestens zehn Euro. Und reden wir von der Problementdeckung nach der Implementierung, verzehnfachen sich diese Kosten schnell um ein weiteres Mal.

Die Digitalisierung stellt deshalb neue Anforderungen an eine prozessübergreifende Qualitätssicherung, bei der nicht erst zum Schluss, sondern vom Start weg qualitätssichernde Maßnahmen ergriffen werden und ein klares Verständnis für Aufwand und Qualität geschaffen wird. Alle beteiligten Teams müssen eng vernetzt und auf das Erreichen des angepeilten *Qualitätsstandards* eingeschworen werden, damit Fehlentwicklungen frühzeitig erkannt und neue Anforderungen auch implementiert werden können. Dies bedeutet nicht nur kontinuierliche Tests, Überprüfungen und Validierungen der einzelnen Prozesse und des zu entwickelnden Endprodukts, sondern richtig eingesetzt auch das Beschleunigen und Optimieren der jeweiligen Prozesse sowie das Aussieben derjenigen Prozesse, die keinen Mehrwert bringen und wertvolle Ressourcen binden. Siehe Abschnitt 2.8.2, »Qualitätssicherung«.

2.2.7 Es fehlt an Flexibilität und an Anpassungsfähigkeit

Die inhärente Schnelllebigkeit der digitalen Welt mitsamt den daraus entstehenden disruptiven Geschäftsmodellen stellt viele Unternehmen vor große Herausforderungen, wenn es um die viel zitierten Themen Anpassbarkeit und Flexibilität geht. Dies ist auch insofern nicht verwunderlich, da heute noch digitale Langzeitprojekte existieren, die bereits vor mehr als zehn Jahren ins Leben gerufen wurden und die sich immer wieder an die technologische Entwicklung anpassen müssen. Digitale Projekte haben schlichtweg den Hang dazu, sich im Laufe der Zeit zu verändern, und erfordern hier und da auch mal eine Abweichung vom ursprünglich angedachten Weg. Prioritäten verschieben sich und müssen ebenso wie Aufgaben neu verteilt und nach ihrem Wirkungsgrad gesetzt werden.

Wurde bei der Priorisierung der angedachten Projektteile und deren Reihenfolge die notwendige Vorarbeit geleistet, sollten Sie daher in jedem Projekt sofort die Initiativen identifizieren und voranstellen können, die einen direkten Impact versprechen und in ihrer Umsetzbarkeit einfacher zu bewerkstelligen sind als Ressourcen verschlingende Initiativen. Siehe Abschnitt 3.2.4, »Kosten-Nutzen-Analyse«.

Agile Methoden helfen Ihnen dank ihrer kürzeren Arbeitszyklen und ihres schnellen, iterativen Ansatzes, flexibel auf Veränderungen und neu auftretende Anforderungen in jeglicher Projektphase zu reagieren sowie in Kombination mit effektivem *Change-Management* Anpassungen am Projekt vorzunehmen. Fehlt es an diesem agilen Mindset, kann ein Mangel an Flexibilität und Anpassungsfähigkeit dazu führen, dass eine frühzeitige Fehlererkennung außer Kraft gesetzt wird und das Projekt nicht mehr den aktuellen Anforderungen entspricht – oder im schlimmsten Fall gestoppt werden muss. Siehe Abschnitt 2.8.3, »Change-Management«.

2.3 Potenziale und Herausforderungen

Der digitale Wandel mit seinem klaren Fokus auf die kundenbezogene Entwicklung neuer Strategien und Geschäftsmodelle beschäftigt Wirtschaft, Industrie und Politik bereits seit einer gefühlten Ewigkeit. Und obwohl weiterhin wenig Konsens darüber herrscht, was diese beiden Schlagworte nun eigentlich ausdrücken sollen, wird immer wieder die dahinterstehende Notwendigkeit der unternehmerischen Wettbewerbs- und Zukunftsfähigkeit unterstrichen.

Die digitale Transformation definiert grundsätzlich neu, wie wir Technologien, Prozesse und Mitarbeiter einsetzen, um innovative Umsatzmodelle und Einnahmequellen zu schaffen – mit digitalen Projekten, die unter Einsatz modernster Technologien und agiler Methodiken flexible Lösungsansätze für die Herausforderungen der Neuzeit ermöglichen.

[»]

Was Sie hier erwartet

- **2.3.1 Skalierbarkeit, um wettbewerbsfähig zu bleiben**
  In der sich rasch entwickelnden digitalen Landschaft ist Flexibilität und Anpassungsfähigkeit entscheidend.
- **2.3.2 Mitarbeiterzufriedenheit als Gegengewicht zum Fachkräftemangel**
  Digitale Projekte erfordern spezielle Fachkompetenzen, die durch den Mangel an qualifizierten digitalen Fachkräften noch schwerer zu finden sind.

2

- **2.3.3 Effizienz steigern, ohne den Datenschutz zu vergessen**
  Durch Technologien wie Künstliche Intelligenz, maschinelles Lernen und Robotik können Unternehmen Arbeitsabläufe automatisieren, Ressourcen einsparen und zeitnah auf Kundenanfragen reagieren.
- **2.3.4 Neue Absatzkanäle und Geschäftsmodelle erschließen**
  Unternehmerische Flexibilität und Online-Möglichkeiten können genutzt werden, um innovative digitale Projekte voranzutreiben.
- **2.3.5 Ein besseres Nutzerverständnis sorgt auch für Akzeptanz**
  Erfolgreiche digitale Produkte erfordern die Überzeugung der Benutzer, der Mitarbeiter wie auch der Kunden.
- **2.3.6 Komplexität zielgerichtet und nachhaltig durchdringen**
  Digitale Projekte bedingen die transparente Strukturierung und Reduzierung ihrer hohen Komplexität.

2.3.1 Skalierbarkeit, um wettbewerbsfähig zu bleiben

Die digitale Landschaft entfaltet sich rasant und Projekte müssen sich neu aufkommenden Trends, Technologien und Nutzeranforderungen stellen. Dies erfordert ein hohes Maß an Flexibilität und Anpassungsfähigkeit, um zukunftsfeste Geschäftsmodelle zu entwickeln und Ideen mit der notwendigen Weitsicht umzusetzen. Während Start-ups hierbei von Haus aus den Vorteil besitzen, dass sie von vornherein auf digitale Unternehmensstrukturen bauen, sehen sich etablierte Unternehmen damit konfrontiert, bislang analoge Prozesse in digitale zu überführen und den damit einhergehenden Veränderungswillen zu erzeugen. Doch wo überhaupt starten?

Digitale Projekte können in der Regel leicht skaliert werden, um mit den Anforderungen und dem Wachstum des Unternehmens Schritt zu halten. Und diese Skalierbarkeit braucht es, um sowohl kurz- als auch langfristig Mehrwerte aus der digitalen Transformation zu generieren. Testen Sie digitale Lösungen am Rande der Organisationsstruktur und identifizieren

Sie diejenigen, die sowohl kurzfristig als auch in Zukunft – wenn sie im gesamten Unternehmen skaliert werden – die größten Werte schaffen. Allein der Fokus auf die Skalierung kundenorientierter Einzellösungen, die das Nutzererlebnis, den Vertrieb oder das Marketing verbessern, hilft Unternehmen dabei, ihre Reichweite zu erweitern, neue Märkte zu erschließen und ihren Umsatz um bis zu 25 Prozent zu steigern.

2.3.2 Mitarbeiterzufriedenheit als Gegengewicht zum Fachkräftemangel

Digitale Projekte sind häufig sehr komplex und erfordern spezifische Skillsets. Die Nachfrage nach Fachkräften mit digitalen Kompetenzen übersteigt dabei oft das Angebot, wodurch es eine Herausforderung sein kann, qualifizierte Mitarbeiter für digitale Projekte zu gewinnen und zu halten. Um dem steigenden Fachkräftemangel im Zusammenhang mit dem demografischen Wandel entgegenzuwirken, buhlen Unternehmen daher schon lange um hochqualifizierte Nachwuchskräfte und gut ausgebildete Mitarbeiter, die durch die voranschreitende Individualisierung und Digitalisierung neue Ansprüche an ihren Arbeitsplatz stellen und schlichtweg nicht mehr dazu bereit sind, in starren Strukturen zu arbeiten.

Digitale Initiativen und Technologien helfen hierbei, ein produktives Arbeitsumfeld zu schaffen, in dem Mitarbeiter gerne, besser und somit auch zufriedener arbeiten. So senkt die digitale Archivierung und Buchhaltung nicht nur die Material- und Lagerraumkosten, sondern erlaubt es den Mitarbeitern, durch den geringeren Suchaufwand effizienter und schneller zu arbeiten. Gleichsam sorgen moderne Kommunikationstechnologien und Mobile Devices dafür, dass Arbeitnehmer selbstständig und flexibel arbeiten können, ohne dabei zeitlich oder räumlich gebunden zu sein, als auch dafür, dass sie ihr Wissen einfach einbringen und Knowhow generieren können. Die digitalen Prozesse ermöglichen demnach nicht nur optimierte Arbeitsabläufe, sondern auch eine situative Flexibilität und mehr Freiheiten, die von aktuellen wie auch zukünftigen Mitarbeitern verlangt werden und in deren Wohlbefinden einzahlen.

2.3.3 Effizienz steigern, ohne den Datenschutz zu vergessen

Durch den Einsatz von Technologien wie *Künstlicher Intelligenz (KI)*, *maschinellem Lernen (ML)* und *Robotik* können Unternehmen Arbeitsabläufe automatisieren und optimieren sowie Ressourcen einsparen. So erlauben digitale Arbeitsprozesse den Unternehmen, direkt oder teilautomatisiert auf Kundenanfragen und -aufträge zu reagieren, was mit einer immensen Zeitersparnis eingeht.

Zudem ermöglichen moderne *Cloud-Anwendungen* selbst kleinen Unternehmen mit überschaubaren finanziellen Mitteln eine flexible IT-Infrastruktur aufzusetzen, die keine Investitionen in teure Hardware verlangt und sich den aktuellen Bedürfnissen anpasst – bezahlt wird nur das, was auch tatsächlich benutzt wird. Ein Credo, das z. B. auch bei der Vermietung von Maschinen angewandt wird, indem deren tatsächliche Nutzungsdaten und somit eine stundengenaue Mietdauer erfasst werden kann. Die Maschine muss also nicht stillstehen, sondern kann während der nicht genutzten Zeit weitervermietet werden.

Die Automatisierung von Prozessen durch digitale Projekte baut dabei natürlich allgemein auf das schnelle Verarbeiten von Daten zur Effizienzsteigerung. Diesen Daten muss aber nicht nur in deren Wirkungsgrad Bedeutung beigemessen werden, sondern auch in deren *Schutzanforderungen*. Sensible Daten, allen voran personenbezogene, unterliegen bei der Verarbeitung strikten Dokumentationspflichten und erfordern die Einhaltung der geltenden Datenschutzbestimmungen. Je größer die Datenflut und je weitreichender der *Nutzungskontext* sich gestaltet, desto undurchdringbarer wirken hierbei oftmals die Anforderungen, die durch die fortschreitende Vernetzung sowieso in gewisser Regelmäßigkeit neue Vorgaben erhalten.

Deshalb ist es wichtig, geeignete Sicherheitsmaßnahmen zu implementieren, um den Datenschutzrichtlinien gerecht zu werden. Neben einer transparenten Dokumentation geht es daher auch darum, datenschutzrelevante Prozesse zu erfassen und zu analysieren sowie verschiedene Kontrollmaßnahmen zu implementieren, die zuvorderst den Datenzugang betreffen. Diese reichen von Verschlüsselungen über Passwortrichtlinien und Administratorenrechte bis hin zur datenschutzkonformen Vernichtung von Datenträgern. Siehe Abschnitt 2.8.6, »Dokumentation«, sowie Abschnitt 3.2.2, »Projektcontrolling und -dokumentation«.

2.3.4 Neue Absatzkanäle und Geschäftsmodelle erschließen

Start-ups überraschen immer wieder mit der Einführung neuer smarter Produkte, die das gängige Markttreiben auf den Kopf zu stellen drohen, da ihnen eine inhärente Flexibilität gegeben ist, die für viele etablierte Unternehmen aufgrund der Vielzahl an Stakeholdern, Anforderungen und Abhängigkeiten unerreichbar scheint. Dabei bieten digitale Projekte jedem Unternehmen die Chance, Komplexitäten zu durchdringen und partnerschaftliche Verbindungen einzugehen, um mit Hilfe neuer Technologien und Trends innovative Produkte, Dienstleistungen oder Geschäftsmodelle zu entwickeln, die einen von der Konkurrenz abheben.

Allein das Nutzen *digitaler Absatzkanäle* kann den bestehenden Vertrieb erweitern und neue Kundengruppen erreichen. Das Internet bietet hierfür nicht nur eine Anlaufstelle für die Neukundengewinnung und die erleichterte Kommunikation mit der Stammkundschaft, sondern auch immer mehr marktplatzähnliche Plattformen, auf denen Unternehmen sich und ihre Produkte online vorstellen können, um die eigene *Reichweite* zu erhöhen. Zudem ermöglicht das Nutzen von *Big Data*, Produkte zu entwickeln und zu vermarkten, die sowohl aktuellen Trends entsprechen als auch auf die Bedürfnisse der Kunden zugeschnitten sind. Die gesammelten Datenströme helfen, den Kunden besser zu verstehen, und sorgen für ein klareres Bild, wie das Endprodukt auszusehen hat, um erfolgreich am Markt zu bestehen.

2.3.5 Ein besseres Nutzerverständnis sorgt auch für Akzeptanz

Die Einführung digitaler Produkte oder Dienstleistungen erfordert oft die Akzeptanz und das Verständnis der Benutzer, die nicht selten davon überzeugt werden müssen, dass ihnen eine neue digitale Lösung auch einen wirklichen Mehrwert bietet. Dies betrifft sowohl die Mitarbeiter als auch die Kunden, deren Bedürfnisse und Anforderungen sich im Zuge der im Alltag angekommenen Digitalisierung teilweise gravierend verändert haben. Der Umgang mit vernetzten Devices ist schlicht generationsübergreifend zu einer Norm geworden, welche die Ansprüche an ein modernes Tool, ein Produkt oder eine Dienstleistung genauso informiert wie das Verlangen nach Transparenz und flexiblen Lösungen. Siehe Abschnitt 2.11, »Den Kontext und den Nutzer verstehen«.

Digitale Projekte bieten Unternehmen hierbei die Möglichkeit, durch die Nutzung von Daten und Analytik ein besseres Verständnis der Nutzer zu gewinnen und *personalisierte Interaktionen* anzubieten, die für ein besseres gesamtheitliches Nutzererlebnis sorgen. Die Analyse des Kauf- und Nutzungsverhaltens von Kunden ermöglicht so das Bereitstellen maßgeschneiderter Lösungen, die den individuellen oder zielgruppengerechten Erwartungen entsprechen. Zudem können bereits heutzutage KI-Programme eingesetzt werden, die selbstständig Nutzungsprobleme identifizieren und direkt Lösungsmaßnahmen einleiten, was sowohl den innerbetrieblichen Arbeitsaufwand verringert als auch den Nutzern das Erreichen des Ziels erleichtert.

2.3.6 Komplexität zielgerichtet und nachhaltig durchdringen

Digitale Projekte können technisch anspruchsvoll sein und warten oftmals mit einer hohen Komplexität auf. Diese kann nur durchdrungen werden, wenn sie zunächst transparent geordnet, kommuniziert und reduziert wird – egal, ob es sich dabei um komplexe und sich ständig ändernde Anforderungen oder vermeintlich unberechenbares Nutzerverhalten handelt.

Ziel bei der Anforderungserfassung und *Komplexitätsreduktion* ist es, durch die Anwendung verschiedener theoretischer als auch praktischer Methoden, Prozesse und Formate die vorhandenen Daten und Informationen so vor- und aufzubereiten, dass in deren Extraktion und Neukombination die Erfassung eines zuvor undurchdringlichen Systems – sei es in Bezug auf Infrastruktur, Datenmanagement, Sicherheit oder Integration – ermöglicht wird. Siehe Abschnitt 4.8, »Komplexitätsreduktion eines Consumer- und IT-Systems«.

Dies hilft Unternehmen nicht nur dabei, ein klares Anforderungsmanagement zu fahren, sondern erlaubt einen Wissenstransfer über die gesamtheitlichen Zusammenhänge der Systemelemente an alle Mitwirkenden, der auch im Sinne der digitalen Nachhaltigkeit gedacht werden sollte. Die Digitalisierung kann nämlich auch bei der effizienteren Erarbeitung eines funktionierenden *Ökosystems* helfen, indem die zur Verfügung stehenden Hebel und Potenziale erfasst werden, die unter Einbeziehung der gesamten Wertschöpfungs- und Lieferkette die Gestaltung einer nachhaltigen Infrastruktur für eine ressourcenschonende sowie energiefreundliche Zukunft ermöglichen.

2.4 Budget und Mittel im Projektmanagement

Die effiziente Zuweisung und Verwaltung von Ressourcen und Budgets ist unabhängig davon, ob Sie eine kleine Initiative oder ein komplexes Unterfangen betreuen, eine der grundlegendsten Säulen für ein erfolgreiches Projektmanagement. Neben der initialen Schätzung der Projektkosten und der Beschaffung von Mitteln aus Finanzierungsquellen umfasst das Budget- und Ressourcenmanagement auch die strategische Zuweisung dieser finanziellen sowie materiellen und personellen Ressourcen, die für eine erfolgreiche Projektumsetzung benötigt werden.

Die verfügbaren Ressourcen mit den Projektanforderungen in Einklang zu bringen und dabei veranschlagte Budgets einzuhalten stellen für Projektmanager massive Herausforderungen dar, die im digitalen Kontext der Neuzeit – der von sich rasant entwickelnden Technologielandschaften, einem dynamischen Markt und Stakeholdern, die immer wieder ihre Erwartungen ändern, geprägt ist – zu einem weiter und weiterem Feld werden. Dies erfordert nicht mehr nur einen gewissen finanziellen Scharfsinn und ein tiefgreifendes Verständnis der Projektmanagement-Prinzipien, sondern vor allem auch den Blick über den Tellerrand hinaus und die Fähigkeit, sich veränderbaren sowie unvorhergesehenen Umständen mit der höchstmöglichen Flexibilität anzupassen.

[»]

Was Sie hier erwartet

- **2.4.1 Budgetplanung**

  Für ein erfolgreiches digitales Projekt ist die Festlegung eines realistischen Budgets entscheidend.

- **2.4.2 Ressourcenallokation**

  Eine klare Erfassung der benötigten Ressourcen, die Kenntnis der Projektziele und Meilensteine sowie die Bewertung der verfügbaren Kapazitäten und Abhängigkeiten sind von zentraler Bedeutung.

- **2.4.3 Kontinuierliche Überwachung**

  Ein regelmäßiger Soll-Ist-Vergleich der Kosten ist entscheidend für eine erfolgreiche Projektplanung.

- **2.4.4 Risikobewertung**

  Die Risikoanalyse sollte als ein dynammischer Prozess über den gesamten Projektverlauf hinweg verstanden werden.

- **2.4.5 Priorisierung der Ausgaben**

  Eine Kosten-Nutzen-Analyse bzw. Aufwand-Nutzen-Matrix ist hilfreich, um den Nutzen zu bewerten, das finanzielle Risiko zu erkennen und alternative Lösungen zu prüfen.

- **2.4.6 Verhandlungen und Beschaffung**

  Projektmanagement umfasst auch Verhandlungsmanagement, wobei eine klare Roadmap sowie Budget- und Projektverlaufspläne die Verhandlungen mit Stakeholdern erleichtern.

- **2.4.7 Erfolgsmessung**

  Das Budget sollte nicht nur als Kostenfaktor betrachtet werden, sondern auch in Bezug auf den Projekterfolg gemessen werden.

2.4.1 Budgetplanung

Es ist wichtig, ein realistisches Budget für das digitale Projekt festzulegen, das dem Rahmen des Vorhabens bestmöglich entspricht. Dies erfordert eine umfassende *Kostenanalyse*, bei der vorrangig sowohl die *direkten Kosten*, die direkt mit dem spezifischen Projekt und dessen Durchführung verbunden sind, als auch die *indirekten Kosten*, die dem Unternehmen insgesamt entstehen, aber nicht unmittelbar mit dem Projekt zusammenhängen, berücksichtigt werden.

Die direkten Kosten umfassen in erster Linie die Personalgehälter in Bezug auf die zu erbringenden Arbeitsstunden und somit die Kosten aller Projektmitarbeiter, seien es Unternehmensangestellte, Freelancer oder externe Auftragnehmer. Zudem fallen hierunter auch die Material- und Anlagekosten der erforderlichen Betriebsmittel, also jegliche Ausrüstung und Tools – von Verbrauchsmaterialien über Softwarelizenzen bis hin zur Hardware –, die von den Projektmitarbeitern zur Durchführung und zum Abschluss des Projekts benötigt werden.

Die indirekten Kosten sind Gemeinkosten, die zwar zur Projektumsetzung notwendig sind, jedoch dem betroffenen Projekt nicht direkt zugewiesen werden können. Dies inkludiert zumeist die bereits vorhandene Software- und Hardware-Infrastruktur, die allgemeine Büroausstattung, Verwaltungskosten und sonstige Kosten, wie Miete, Instandhaltung, Wasser und Strom. Je nach Unternehmens- und Projektkontext können zudem auch Kosten für das Marketing oder Schulungen anfallen, die ebenfalls prozentual als nicht näher zuzuordnende Ressourcen auf das spezifische Projekt verteilt werden müssen. Siehe Abschnitt 3.2.4, »Kosten-Nutzen-Analyse«.

Bei der Abschätzung des Budgets können Sie sich initial folgende Fragen stellen:

- Haben wir intern Daten zu Projekten, die unserem ähneln und somit Vergleichspunkte aufweisen?
- Welche Ziele können wir erreichen, wenn wir von einem fixen Betrag ausgehen?
- Was kommt auf uns zu, wenn wir zum einen vom Best- und zum anderen vom Worst-Case-Szenario ausgehen?

2.4.2 Ressourcenallokation

Auch wenn nie alle Eventualitäten mit einberechnet werden können, sollte das Budget bereits in der Frühphase so gewissenhaft wie irgend möglich auf die verschiedenen Projektressourcen wie Personal, Technologie, Infrastruktur und externe Dienstleistungen verteilt werden. Dabei ist es unabdingbar, dass Sie die benötigten Ressourcen klar erfassen und entsprechend den Projektanforderungen sowie Prioritäten zuweisen.

Eine korrekte *Ressourcenallokation* setzt daher immer erst voraus, dass die Projektziele mitsamt den zu gehenden Meilensteinen bekannt sind und optimalerweise in einer übersichtlichen Roadmap dargestellt werden. Erst wenn der zu erwartende Projektumfang geklärt ist, können schließlich auch die Anforderungen der einzelnen Projektteile in die Ressourcenstrategie einfließen. Siehe Abschnitt 2.5, »Roadmap und Ziele des Projektmanagements«.

Bevor die Ressourcen im nächsten Schritt zugewiesen werden können, muss zuerst ermittelt werden, welche Ressourcen überhaupt zur Verfügung stehen und in welchen Abhängigkeiten diese stehen. Dabei gilt es zu prüfen, ob die Kapazitäten des Teams dank der obersten Priorität des Projekts nahezu vollumfänglich genutzt werden können oder ob andere Arbeiten Vorrang haben, wodurch die Verfügbarkeit der Mitarbeiter eingeschränkt ist.

Dies kann auch direkten Einfluss darauf haben, inwiefern externe Kräfte, die womöglich auch besondere Fähigkeiten aufweisen, die intern nicht vorhanden sind, zum Projekt hinzugezogen werden müssen. Des Weiteren muss evaluiert werden, welche Ausrüstung und Tools unternehmensintern zur Verfügung stehen, wie sich deren Kapazitäten darstellen und welche zusätzlichen Beschaffungen mit dem Budget abgestimmt werden müssen, um das Projekt zum Erfolg zu führen. Siehe Abschnitt 3.1.1, »Ressourcenstrategie«, sowie Abschnitt 3.1.4, »Mittelabflussplan«.

2.4.3 Kontinuierliche Überwachung

Ein regelmäßiger *Soll-Ist-Vergleich*, mit dem die tatsächlichen Kosten den geplanten Kosten gegenübergestellt werden, gehört zu einer sorgfältigen Projektplanung und -umsetzung dazu, da jegliche Abweichung in Form von steigenden Kosten schnell in einen Schneeballeffekt münden kann. Das Budget sollte deshalb während des gesamten Projektverlaufs kontinuierlich überwacht und aktualisiert werden, um frühzeitig Gegenmaßnahmen einleiten zu können.

In welchen Intervallen Sie die Kosten überprüfen, hängt dabei vom jeweiligen Projekt und dem für die Meilensteine gesteckten Zeitrahmen ab. Sind die Ist-Kosten gemäß der Ressourcenallokation aufgeschlüsselt und in einzelne *Arbeitspakete* übertragen, kann genauer bestimmt werden, inwiefern zum Beispiel eine wöchentliche oder gar monatliche Überprüfung mit dem geplanten Zeitablauf der Projektphasen einhergeht. Siehe Abschnitt 3.1.2, »Aufgabenplan«.

Um hierbei wirklich proaktiv und agiler auf mögliche Veränderungen reagieren zu können, bieten sich aber auch verschiedene Tools an, die es erlauben, Budgets in Echtzeit zu beobachten und zu verwalten. Sie helfen dabei, einen zentralen Knotenpunkt der Datenerfassung zu etablieren, der einen direkten Überblick über die den Arbeitspaketen zugeordneten Ausgaben und den korrespondierenden Zeitplan bietet.

Die *Kostenkontrolle* kann somit laufend mit dem Projektfortschritt synchronisiert werden, wodurch nicht nur die Kostenverfolgung erleichtert wird, sondern auch die Allokation von Ressourcen im Budgetkontext besser evaluiert werden kann. Wie welche Ressourcen wo und wann zum Einsatz kommen, stellt schließlich das Grundgerüst der Budgetierung dar, das bei jeglicher Änderung des Projektumfangs entsprechend angepasst und neu ausgerichtet werden muss. Siehe Abschnitt 3.1.5, »Kostenkontrolle«, sowie Abschnitt 3.5, »Tools, die Ihnen die Arbeit erleichtern«.

2.4.4 Risikobewertung

Preisschwankungen oder die Verfügbarkeit einer Ressource können im Laufe eines Projekts genauso unberechenbar auftreten wie IT-Ausfälle oder Mitarbeiterfluktuation. Um hier nicht plötzlich vor vollendeten Tatsachen zu stehen, die den Fortlauf des Projekts gefährden, sollten Sie bei der Budgetplanung auch immer potenzielle Unsicherheiten berücksichtigen und in Form einer *Risikoanalyse* erörtern. Dies bedeutet, mögliche Risiken zu identifizieren, im Projektkontext zu verorten und deren Eintrittswahrscheinlichkeit abzuschätzen. Siehe Abschnitt 3.2.5, »Risikoanalyse«.

Im Optimalfall können die Risiken hierdurch nicht nur kategorisiert und mit dem Team transparent geteilt werden, damit niemand von einem auftretenden Problem überrascht wird, ihnen können auch direkt potenzielle Konsequenzen zugeordnet werden. Die Risikoanalyse ist demnach sowohl ein Instrument der Problemsichtung als auch eine strategische Blaupause zur Entwicklung präventiver Maßnahmen.

Dabei darf nicht unterschätzt werden, dass die Risikoanalyse zwar bereits vom Start weg ein wirkungsmächtiges Tool darstellt, das auf Unwägbarkeiten vorbereitet, sie aber nur dann wirklich effizient genutzt werden kann, wenn sie als dynamisches Vorhaben verstanden und über den gesamten Projektverlauf hinweg genutzt wird. Je nach Projektphase können sich Rahmenbedingungen ändern, neue Risiken in die Analyse mit aufgenommen oder in der Frühphase aufgetretene Probleme gestrichen werden.

Da es aber auch Risiken gibt, die schlagartig und ohne jegliche Vorwarnung auftreten – wer hätte in den vergangenen Jahren schon eine Pandemie oder einen Krieg auf europäischem Boden vorhergesehen –, sollten grundsätzlich *Sicherheitsrücklagen* eingeplant werden: ein Puffer zum Schutz vor unvorhergesehenen Ereignissen, der nach Ansicht der meisten Experten zumindest zehn Prozent Ihres Gesamtbudgets ausmachen sollte. Siehe Abschnitt 2.8.7, »Nachbereitung«.

2.4.5 Priorisierung der Ausgaben

Natürlich gibt es auch Projekte, die ein bestimmtes Budget als Vorgabe platzieren. Allgemein gilt dennoch, dass die Projektziele die Budgetplanung prägen und nicht umgekehrt. Wenn Sie wissen, was Sie erreichen wollen, sollte das Budget in Form eines *Ausgabenplans* entsprechend ebenjenen Projektzielen ausgerichtet werden. Dabei steht im Vordergrund, die Ausgaben so zu priorisieren, dass die wichtigsten und dringendsten Anforderungen erfüllt werden können, um eine weitestgehend reibungslose Durchführung und Lieferung des Projekts zu gewährleisten. Siehe Abschnitt 3.1.3, »Ausgabenplan«.

Unter Einbeziehung der durchführenden Stellen und der Entscheidungsträger sollte der zu erwartende Nutzen gewichtet sowie den Kosten gegenübergestellt werden. Durch das Überführen aller relevanten Faktoren in eine *Kosten-Nutzen-Analyse* bzw. eine *Aufwand-Nutzen-Matrix* kann so eine übersichtliche Bewertung der Wirtschaftlichkeit vollzogen werden, die das finanzielle Risiko veranschaulicht und dementsprechend auch aufzeigt, wo alternative Möglichkeiten bestehen oder gesucht werden sollten. Siehe Abschnitt 3.2.4, »Kosten-Nutzen-Analyse«.

2.4.6 Verhandlungen und Beschaffung

Projektmanagement ist in vielerlei Hinsicht auch Verhandlungsmanagement. Mit einer klaren Roadmap und einem ebenso aufschlussreichen *Budget-* und *Projektverlaufsplan* ausgestattet, sollten die Verhandlungen mit den Stakeholdern hinsichtlich der benötigten finanziellen Mittel aber ohne größere Hürden verlaufen. Zeigen Sie den Beteiligten auf, warum bestimmte Ausgaben unerlässlich für die Erreichung eines gesetzten Meilensteins und somit auch unerlässlich für den gesamten Projekterfolg sind.

Transparenz ist hierbei eine der wirkungsmächtigsten Einflussgrößen, welche andere überzeugen und ihnen Sicherheit geben kann. Weihen Sie die Stakeholder von Beginn an in Ihre Überlegungen ein und leisten Sie die notwendige Aufklärungsarbeit, um die Relevanz des Projekts zu stärken und alle Beteiligten frühzeitig mit ins Boot zu holen. Siehe auch Abschnitt 3.2, »Auftraggeber- und Stakeholdermanagement«.

Zudem geht es auch darum, Technologien, Dienstleistungen oder andere externe Ressourcen von Dritten zu beschaffen und bei den Verhandlungen im Idealfall die besten Preise und Konditionen herauszuschlagen. Diese Beschaffungen gilt es sorgfältig zu planen, und deren Kosten-Nutzen-Verhältnis muss schonungslos bewertet werden. Siehe hierzu auch Abschnitt 2.8.5, »Budget- und Ressourcenmanagement«.

Dazu hilft es, sich folgende Fragen zu stellen:

- Haben wir die notwendigen Kapazitäten, um das zu beschaffende Produkt im Unternehmen oder gar im Projekt herzustellen? Wenn ja, wie viel kostet uns die eigene Herstellung und wie viel würde die externe Beauftragung kosten?
- Verfügen wir intern über die erforderlichen technischen Kompetenzen oder Expertisen, die für ein oder mehrere Arbeitspakete erforderlich sind? Wenn ja, wie stellt sich die Verfügbarkeit der Mitarbeiter dar und was würde dies kosten? Lohnt es sich nicht doch eher, externe Experten zu akquirieren?
- Können wir aus einem etablierten Lieferantenpool auswählen oder muss ein Lieferant für das Projekt gesucht und angefragt werden?

2.4.7 Erfolgsmessung

Das Budget sollte nicht nur als reine Kostenposition betrachtet werden, sondern auch in Bezug auf den Wert und den Erfolg des Projekts bewertet werden. Diesen Projekterfolg zu messen ist zum einen deshalb von Bedeutung, da hierdurch aufgezeigt wird, wie effektiv das Projekt tatsächlich ist, und zum anderen, weil damit wertvolle Erkenntnisse hinsichtlich zukünftiger Prozessverbesserungen wie auch der Team- und der Kundenzufriedenheit erlangt werden können. Zur Messung selbst werden in der Regel unternehmensspezifische Kennzahlen, also Metriken und *Key Performance Indicators (KPIs)*, die als Schlüsselfaktoren angesehen werden, genutzt, um den Erfolg und Optimierungspotenziale zu quantifizieren.

Für die meisten Unternehmen stellt dabei der Return of Investment (ROI) eine der wichtigsten betriebswirtschaftlichen Kennzahlen dar, mit Hilfe derer die Rendite einer Investition in ein bestimmtes Projekt in einem Prozentsatz dargestellt werden kann und die in ihrer rudimentärsten Form als *(Bruttogewinn – Investitionskosten) ÷ Investitionskosten* berechnet wird. Über diese Formel lässt sich so auch vor Projektbeginn der erwartete ROI berechnen, der als Indikator dafür genutzt werden kann, den potenziellen Mehrwert zu ermitteln und Vergleiche mit verwandten Projekten zu ziehen. Die finanziellen Mittel sollten daher entsprechend den erwarteten Ergebnissen und dem ROI des Projekts eingesetzt werden. Siehe Abschnitt 3.2.4, »Kosten-Nutzen-Analyse«.

2.5 Roadmap und Ziele des Projektmanagements

Unabhängig davon, ob es um den Aufbau einer IT-Infrastruktur, die Einbeziehung moderner Tools, die Entwicklung neuer Produkte oder der Organisation selbst geht, die strategische Planung ist unabdingbar, wenn die Umsetzung digitaler Initiativen im Einklang mit der eigenen Geschäftsvision gelingen soll. Unternehmen müssen wissen, wo sie wahrhaftig hinwollen und wie sie hierfür einen *realistischen Aktionsplan* schaffen, der sicherstellt, dass Budgets eingehalten und digitale Projekte im richtigen Kontext sowie in der richtigen Reihenfolge nachhaltig ausgerichtet und zielführend umgesetzt werden können. Im Vorfeld eines digitalen Projektvorhabens sollten Sie deshalb immer einen genauen Fahrplan skizzieren, der die Basis für die strategische Planung bildet – eine sogenannte Roadmap.

Diese »Straßenkarte« soll dabei keinen direkten Ersatz für einen detaillierten Projektplan darstellen, sondern vielmehr eine leicht zu erfassende Übersicht über die Projektziele und darüber, wie sich der Weg dorthin gestaltet. In ihrer rudimentärsten Form besteht sie aus einer Zeitachse, auf der die wichtigsten Aufgaben und Meilensteine hinsichtlich der Zielerreichung abgebildet werden.

Die gängigste Methode der Darstellung ist dabei weiterhin das seit über einem Jahrhundert verwendete *Gantt-Diagramm*.

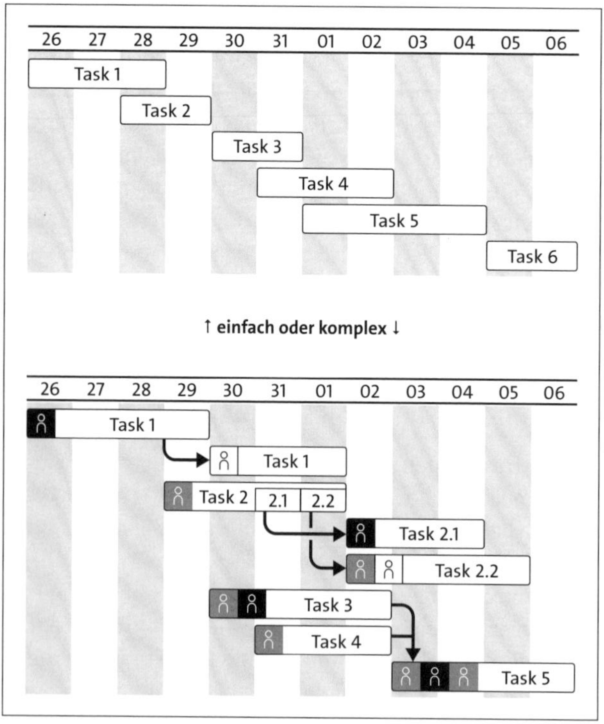

Abbildung 2.1 Gantt-Diagramm

Das Gantt-Diagramm stammt ursprünglich aus dem Ingenieurswesen und kann heutzutage – ganz anders als die Handzeichnungen der Anfangszeit – einfach in der Detailtiefe verändert und mit vielfältigen Visualisierungsmethoden für verschiedene Zwecke angepasst werden.

Unabhängig von ihrem genauen Umfang sollte die Roadmap aber essenzieller Bestandteil eines jeden Projekts sein, da mit ihr alle wichtigen Faktoren wie Ziel, Anforderungen, Ressourcen, Zeit und Budget einfach visualisiert und in die richtige Reihenfolge gebracht werden können, sodass sie für alle Involvierten als transparenter Fahrplan dient.

[«]

Was Sie hier erwartet

- **2.5.1 Die Roadmap als Steuerungs- und Kommunikationstool**

  Eine Roadmap fungiert nicht nur als Planungs- und Steuerungstool, sondern dient auch als effizientes Kommunikationstool.

- **2.5.2 Roadmaps als Teil der strategischen Transformation**

  Roadmaps sind entscheidende Werkzeuge, die nicht nur bei der Budgetplanung und Projektumsetzung helfen, sondern auch essenziell sind, um digitale Transformationsprozesse erfolgreich zu initiieren und zu begleiten.

2.5.1 Die Roadmap als Steuerungs- und Kommunikationstool

Eine Roadmap dient zugleich als übergeordneter Plan und als wichtiges Kommunikationstool zur Vermittlung der zu fahrenden Strategie. Optimalerweise werden in der Roadmap die Ausrichtung, unternehmerische Ziele und digitale Initiativen vereint und in ein strategisches Konzept überführt, wobei der Plan selbst sowohl umfassend als auch flexibel gestaltet werden sollte.

Die beiden grundlegenden und in gegenseitiger Abhängigkeit stehenden Faktoren, nach denen sich die Roadmap richtet, sind derweil immer auf die Budgetsicherheit und das Zeitmanagement herunterzubrechen. Die Priorisierung der Projektteile und deren Reihenfolge sowie die eingeplante Zeit bis zum jeweiligen Meilenstein eines Teams werden hierbei auf der Zeitachse aufgeschlüsselt, um aufzuzeigen, wann ein Team mit einer Initiative startet und wie lange es voraussichtlich für die einzelnen Projektabschnitte benötigt.

Bei der Erstellung sollten Sie aber auch immer direkt ausloten, wann unter Umständen an einer bestimmten Stelle zusätzliche oder auch externe Ressourcen benötigt werden und inwiefern Mitarbeiter neu verteilt werden können, wenn sich die Anforderungen verändern. Im Zusammenspiel mit den Zeitplänen können Sie damit eine abgeglichene Budgetierung vornehmen, mit der Sie zumindest besser voraussagen können, wie viel Budget den einzelnen Schritten zugewiesen werden sollte und inwiefern die Priorisierung eine gewisse Flexibilität erlaubt.

Es gibt schließlich immer aufwändigere Initiativen, die oft trotz geringen Mehrwerts viele Ressourcen benötigen, und einfach umzusetzende Initiativen, die mit wenig Aufwand eine große Wirkung erzielen. Hier die Spreu vom Weizen zu trennen ist eine der wichtigsten Maßnahmen in der Projektsteuerung, die durch ein klares Anforderungsmanagement getragen wird und innerhalb einer Roadmap visualisiert werden kann. Siehe Abschnitt 3.1.6, »Agile Requirements Engineering«.

Neben der Funktion als Planungs- und Steuerungstool fungiert eine Roadmap zusätzlich als effizientes Kommunikationstool, indem sie zur Aufklärung beiträgt und eine wichtige Orientierungshilfe für die involvierten Parteien bietet. Mit ihr kann dank des klaren Handlungsrahmens und Aktionsplans der Projektfortschritt überwacht und in gewisser Weise miterlebt werden, wodurch die notwendige Transparenz hinsichtlich der Verantwortlichkeiten und Aufgabenverteilung gegeben ist.

Aber nicht nur die direkt am Projekt Beteiligten können hierdurch den Überblick über Funktionen und Anforderungen wahren, sondern allen Stakeholdern kann durch die einfach zu durchdringende Visualisierung die hinter der Initiative stehende Strategie nähergebracht und erklärt werden. Dies hilft Ihnen sowohl dabei, die oftmals notwendige Überzeugungsarbeit zu vereinfachen, als auch die internen sowie externen Erwartungen an das Projekt besser abzugleichen und zu managen. Siehe Abschnitt 3.2, »Auftraggeber- und Stakeholdermanagement«.

2.5.2 Roadmaps als Teil der strategischen Transformation

Roadmaps eignen sich nicht nur dafür, jegliches Projekt mit der notwendigen Budgetsicherheit und einem transparenten Zeitmanagement zu versehen, sondern auch dazu, digitale Transformationsprozesse einzuleiten und zu begleiten. Gerade im Kontext der Digitalisierung muss nachhaltiger Unternehmenserfolg neu gedacht und besser geplant werden. Sowohl Mitarbeiter als auch Stakeholder müssen hierbei aber unterstützt und nicht allzu selten erst von den Erfolgsaussichten einer Neuausrichtung überzeugt werden, die einen Transformationsprozess begleiten. Dies liegt auch daran, dass für immer noch zu viele Unternehmen die digitale Transformation schlicht mit der Investition in digitale Technologien gleichzusetzen ist – ohne dass sich näher damit beschäftigt wird, wie diese neuen Technologien überhaupt in Geschäftsstrategien und in die gesamte Unternehmenskultur mit eingebunden werden können.

Dabei ist die digitale Transformation ein wichtiges strategisches und immer mehr überlebensnotwendiges Unterfangen, das als solches auch verstanden werden muss. Die Intention hinter jeglicher unternehmerischer Bemühung sollte schließlich auch mit etwas Greifbarem verbunden sein. Wenn hinter angeschobenen Initiativen aber nicht auch eine gemeinsame Vision und strategische Absicht steht, bleibt von den noch so hehren Intentionen nicht mehr viel übrig. Deshalb müssen sich Führungskräfte, Mitarbeiter und Stakeholder auch gegen initiale Widerstände gemeinsam als Team dazu verpflichten, den Innovationsprozess voranzutreiben und digitale Initiativen als festen Bestandteil im Unternehmen zu verankern. Siehe Abschnitt 4.1, »Transformation der Arbeitsweise eines Telekommunikationskonzerns – von Wasserfall zu agil«.

Mit Hilfe der Erstellung von Roadmaps und der frühzeitigen Erkennung von Innovationsbereichen kann eine solche Transformation Schritt für Schritt vorangetrieben werden. Anstatt kopfüber ins Ungewisse zu stürzen und Lösungen ohne ersichtliches Problem zu entwickeln, sollte der Wandel in kurzfristige Projekte aufgeteilt werden, die sich zunächst mit den sogenannten *Low Hanging Fruits*, also Themen, die direkt einen sichtbaren Impact haben, beschäftigen. Diese lassen sich nicht nur einfacher auf die strategischen Absichten abstimmen, sondern sorgen bei den Teams für die notwendige Nachvollziehbarkeit und zeigen den Mehrwert digitaler Initiativen durch vergleichsweise simpel zu erringende Erfolge auf. Dadurch kann sich die Transformationsreise flexibel entfalten und die gemeinsame Vision wird gleichsam gestärkt, da die einzelnen Phasen schnell zu messbaren Ergebnissen führen. Siehe Abschnitt 3.2.1, »Roadmap«.

2.6 Wichtige Projektarten und Ebenen im Projektmanagement

Projektmanagement spielt ebenso wie das Digitale selbst in den verschiedensten Branchen und Sektoren eine unverzichtbare Rolle, wodurch es wenig verwunderlich ist, dass es auch zahlreiche Projektarten gibt, die alle ihre teils einzigartigen Merkmale, Herausforderungen und Ziele mit sich bringen. Das klare Identifizieren des Projekttyps ist daher von entscheidender Bedeutung, wenn es darum geht, Ihre Ansätze, Methoden und Tools an die spezifischen Projektanforderungen – die sich in den vergangenen Jahren genauso stetig erweitert und weiterentwickelt haben wie die Projektlandschaft selbst – anzupassen.

Was Sie hier erwartet

- **2.6.1 Die inhaltliche Ebene**

  Die traditionelle Kategorisierung von digitalen Projekten als Investitionsprojekte, Forschungs- und Entwicklungsprojekte oder Organisationsprojekte erweist sich oft als unzureichend, da digitale Projekte in verschiedenen Hauptkategorien auftauchen können und oft mehrere Charakteristiken in sich vereinen.

- **2.6.2 B2B- und/oder B2C-Projekte**

  Bei der Definition der Projektart und der anzusprechenden Zielgruppe ist es entscheidend zu erkennen, dass digitale Projekte sowohl im B2B- als auch im B2C-Kontext darauf abzielen sollten, den Nutzen und die Lösung für die jeweiligen Endnutzer – seien es Geschäftskunden oder Privatkunden – in den Vordergrund zu stellen.

- **2.6.3 Die Umfangs-Ebene**
  Der Umfang im Projektmanagement umfasst die detaillierte Definition aller Arbeiten, Leistungen, Aufgaben und Funktionen für den erfolgreichen Projektabschluss – einschließlich klarer Projektziele, Annahmen, Einschlüssen und Ausschlüssen, Projekt- und Produktumfang, Anforderungen, Änderungsmanagement sowie der Zuweisung von Aufgaben und Rollen zur erfolgreichen Projektdurchführung.

2.6.1 Die inhaltliche Ebene

Wirft man einen Blick auf die Vielzahl an Arten digitaler Projekte, wird einem recht schnell klar, dass die klassische Einteilung von *Hauptprojektarten* – bestehend aus Investitionsprojekten, Forschungs- und Entwicklungsprojekten sowie Organisationsprojekten – nur bedingt zielführend ist, da sich digitale Projekte in jeder einzelnen Hauptart wiederfinden oder mehrere miteinander kombinieren können. Zwar werden seit einiger Zeit auch Softwareprojekte, die sich mit der anforderungsbezogenen Entwicklung neuer virtueller Produkte oder deren Upgrade befassen, als Hauptart eingebunden, jedoch greift auch diese Definition oftmals zu kurz.

Digitale Projekte können sein:

- Software-, Web- oder Mobile-App-Entwicklungsprojekte
- IT-Infrastrukturprojekte
- digitale Transformationsprojekte
- Marketing- und Werbeprojekte
- E-Commerce-Projekte
- KI- oder ML-Projekte

Digitale Projekte weisen daher von Natur aus Charakteristika auf, die in allen verwendeten Hauptarten zu verorten sind. So sind sie durch ihre anzustoßenden Change-Prozesse nahezu ausnahmslos auch ein Organisations- bzw. Veränderungsprojekt, da sie Aspekte der strategischen Ausrichtung, der Prozessorganisation und -optimierung sowie der Entwicklung einer modernen, agilen Unternehmenskultur vereinen.

In diesem Zusammenhang verlangen sie:

- transparente Kommunikation, um alle Beteiligten mit ins Boot zu holen
- Schaffen von Veränderungsbewusstsein und Offenheit gegenüber Neuem
- Commitment und eine klare Vision des Managements
- Gestalten und Verstehen von sozialen Mustern
- flache Hierarchien und gelebte Selbstorganisation

Gleichzeitig sind sie aufgrund der eingesetzten Technologien und dem zu erfüllenden Lerneffekt im Umgang mit diesen immer auch in Teilen oder gar gänzlich als Forschungs- und Entwicklungsprojekt zu klassifizieren. Digitale Projekte haben schließlich nicht nur das Ziel, neue Produkte oder Verfahren zu entwickeln, sondern auch Wissen zu vermitteln und den Erkenntnisgewinn zu beschleunigen, um sich im digitalen Zeitalter zurechtzufinden und stetig anzupassen.

Die Charakteristika umfassen:

- Formulieren einer klaren Vision, die begeistert
- durchgängig iteratives Vorgehen
- Offenheit gegenüber Ideen und Neuentwicklungen
- ganzheitliche Überwachung des Projektverlaufs
- schrittweise Detaillierung der Zieldefinition, um flexibel auf Änderungen reagieren zu können
- Planung in Zeitintervallen, um Abweichungen frühzeitig zu erkennen

Und auch Charakteristika von Investitionsprojekten sollten sich in digitalen Projekten wiederfinden. Dies liegt zum einen daran, dass digitale Vorhaben mit hohen Investitionskosten einhergehen können, und zum anderen daran, dass es digitale Projekte im Sinne eines funktionierenden Stakeholdermanagements erfordern, frühzeitig durch Vorplanung, Modellierung und Anforderungsmanagement bei allen Beteiligten für ein besseres Verständnis hinsichtlich des angestrebten Projektergebnisses zu sorgen.

Dies beinhaltet:

- Erstellen realistischer und erreichbarer Anforderungen
- strikte Überwachung durch stetigen Informationsfluss und Dokumentation
- Einhalten der nach Normen standardisierten Verfahren
- sorgfältige Termin- und Kostenplanung
- Aufsetzen vertraglicher Vereinbarungen zwischen den Beteiligten
- umfangreiches Risikomanagement hinsichtlich möglicher technischer Schwierigkeiten und anderer Einflussfaktoren

2.6.2 B2B- und/oder B2C-Projekte

Bei der Definition der Projektart und den auszurichtenden Anforderungen spielt natürlich auch die grundlegende *Zielgruppe* eine Rolle, die sich in der Regel in *B2B (Business-to-Business)*, *B2C (Business-to-Consumer)* oder in eine Kombination der beiden Beziehungen aufgliedert. Die Ausrichtung auf Geschäftskunden oder End- bzw. Privatkunden sollte dabei aber nicht über den Fakt hinwegtäuschen, dass die Mitarbeiter im B2B-Kontext genauso Nutzer und im übertragenen Sinne Endkunden darstellen, die als solche auch gehört werden müssen.

Gerade bei digitalen Projekten verschwimmt dabei der vormals größte Unterschied zwischen B2B und B2C, der besagte, dass ein Unternehmen ein oder mehrere neue Produkte braucht, um wettbewerbsfähig zu bleiben, während die Endkunden das Produkt oftmals gar nicht benötigen und vom Kauf überzeugt werden wollen. Heutzutage müssen Unternehmen und ihre Mitarbeiter genauso davon überzeugt werden, dass ein neues Produkt tatsächlich einen Mehrwert bringt und z. B. eine neue Vertriebssoftware auch zu einer Erleichterung der alltäglichen Arbeit führt. Der direkte Nutzen und die zu lösende Aufgabe sollten somit im Optimalfall sowohl bei B2C als auch bei B2B im Kern der Zielerreichung stehen.

Klare Unterscheidungen hinsichtlich der Anforderungen von B2C und B2B gibt es aber natürlich trotzdem:

- **Sicherheitsmechanismen:** Die *Datenschutzgrundverordnung (DSGVO)* unterscheidet nicht zwischen B2B und B2C. Nichtsdestotrotz benötigt das B2B-Umfeld beim Umgang mit sensiblen Daten in der Regel robustere Maßnahmen. Statt auf einen einfachen Passwortschutz sollten Sie somit z. B. auf eine *Multi-Faktor-Authentifizierung (MFA)* oder die *Single-Sign-on-Methode (SSO)* setzen.
- **Mandantenfähigkeit:** Korrelierend mit den Sicherheitsmaßnahmen verschiebt sich heutzutage immer mehr berufliche Software in die *Cloud*, um mit der notwendigen Flexibilität auch außerhalb des Büros Zugriff auf Daten und Anwendungen zu haben. Dies bedeutet im Gegensatz zu B2C einen weitaus größeren administrativen Aufwand, da z. B. Rollen und Berechtigungen in der Umgebung angepasst und eingebaut werden müssen.
- **User Experience:** Die Nutzererfahrung hängt direkt mit den Bedürfnissen der Zielgruppen und vor allem im B2B-Kontext auch mit der *Benutzerverwaltung* zusammen, bei der es oftmals weitaus mehr Personas, Stakeholder und Rollen zu berücksichtigen gilt und bei der somit auch mehr Wert auf Flexibilität und Individualisierung gelegt wird als im B2C-Kontext.
- **Komplexität:** Allein die einzuholenden Genehmigungen verteilt auf mehrere Entscheidungsträger sowie die einzuhaltenden Vorschriften machen die B2B-Umgebungen und -Anwendungsfälle zu einem komplexen Konstrukt. Hinzu muss zudem der Faktor Skalierbarkeit mit einbezogen werden, der nicht selten mit dem Auf- oder Umbau der vorhandenen IT-Infrastruktur einhergeht.

2.6.3 Die Umfangs-Ebene

Der *Umfang* oder auch *Scope* ist einer der grundlegenden Aspekte des Projektmanagements und bezieht sich auf die detaillierte Definition aller Arbeiten, Leistungen, Aufgaben und Funktionen, die für einen fristgerechten und erfolgreichen Projektabschluss ausgeführt werden müssen. In ihm sind die Grenzen dessen abgesteckt, *was* alles im Projekt enthalten ist und – von genauso großer Bedeutung – *was nicht*. Er sollte genau so gespannt sein, dass ein übersichtlicher Rahmen aller im Projekt zu erbringenden Leistungen entsteht, um die Einzelheiten seiner Durchführung in realistischen Projektzielen zu vereinen.

- **Projektziele:** *Was soll mit dem Projekt erreicht werden?*

  Stellen Sie klar, worum sich das Vorhaben dreht und welches Endergebnis von Ihnen erwartet wird. Teilen Sie die größeren Ziele in Meilensteine auf einer Zeitleiste auf, um eine bessere Übersichtlichkeit zu gewährleisten und klar abzustecken, was in den einzelnen Elementen enthalten sein soll und was nicht. Siehe Abschnitt 3.4.2, »Kontinuierliche Zielvalidierung«.

- **Annahmen und Einschränkungen:** *Was kann den Fortschritt gefährden?*

  Legen Sie alle Annahmen und Herausforderungen dar, die sich auf das Projekt auswirken könnten. Prognostizieren Sie, welche Faktoren – von der Ressourcenzuweisung über die Verfügbarkeit von Personal bis hin zu Zeit- und Budgetbeschränkungen – Konfliktpotenzial bergen. Siehe Abschnitt 3.1.1, »Ressourcenstrategie«.

- **Ausschlüsse und Einschlüsse:** *Wo liegen die Grenzen?*

  Legen Sie klar fest, was innerhalb der Projektgrenzen (*Einschlüsse*) und außerhalb der Projektgrenzen (*Ausschlüsse*) liegt, damit kein Beteiligter ausscheren kann und eine unkontrollierte Ausweitung des Projektumfangs verhindert werden kann. Siehe Abschnitt 2.12, »Anforderungen ableiten, beschreiben und managen«.

- **Projekt- und Produktumfang:** *Ist eine Unterteilung förderlich?*

  Während der Projektumfang die Arbeit definiert, die für die Bereitstellung eines Produkts oder einer Dienstleistung erforderlich ist, handelt der Produktumfang von den Merkmalen und Features, die das zu erstellende Produkt oder die Dienstleistung schlussendlich aufweisen muss. Je nach Projekt kann hier eine Abgrenzung lohnend sein. Siehe Abschnitt 3.4.5, »Definition der Produktvision«.

- **Anforderungen:** *Wo wirken welche Anforderungen?*

  Der Umfang ist eng an die Projektanforderungen gebunden, weswegen Sie genau dokumentieren sollten, welche Anforderungen die jeweiligen Funktionalitäten, Merkmale und auch Qualitäten spezifizieren, die die Projektergebnisse aufweisen müssen. Siehe Abschnitt 3.1.6, »Agile Requirements Engineering«.

- **Änderungsmanagement:** *Wie gehen wir mit Änderungen um?*

  Jegliche Änderung am Umfang, die in ein Projekt integriert werden soll, muss sorgfältig dokumentiert, bewertet und genehmigt werden. Richten Sie einen Prozess für *Änderungsanfragen* ein und definieren Sie die Schritte, die solch eine Anfrage bis zur Annahme oder Absage durchlaufen muss. Siehe Abschnitt 3.3.3, »Change Requests Management«.

- **Aufgaben und Rollen verteilen:** *Wer übernimmt was?*

  Weisen Sie Rollen, deren Zuständigkeiten und Projektmitarbeiter zu, um konkret darzulegen, wer wann an dem Projekt arbeitet und welche Verantwortlichkeiten sich hinsichtlich der Prüfung und Genehmigung der Ergebnisse herausbilden. Siehe Abschnitt 3.1.2, »Aufgabenplan«.

2.7 Relevante Rollen im Projektmanagement

In jeglichem Projekt sollte jeder Mitarbeiter eine klar definierte *Rolle* und Verantwortung in Bezug auf sein Fachgebiet haben und spezifische Aufgaben innerhalb des Projekts übernehmen. Im Bereich des Projektmanagements sind hierbei verschiedene Rollen hervorzuheben, die einen umfassenderen Ansatz verfolgen und dazu beitragen, dass Projekte erfolgreich geplant, durchgeführt und abgeschlossen werden.

Wichtig hierbei ist jedoch zu beachten, dass die vorgestellten Rollen und Verantwortlichkeiten nicht immer strikt getrennt sind und je nach Projektanforderungen überlappen können. Gerade kleinere Initiativen, die gleichsam kleinere Teams erfordern, verlangen oftmals danach, dass bestimmte Rollen zusammengefasst und von einigen wenigen Personen übernommen werden.

2.7.1 Projektmanager

Als *Projektmanager* übernehmen Sie die zentrale Führungsrolle im Projektmanagement und sind für die Gesamtkoordination sowie den Erfolg des Projekts verantwortlich. Sie haben dafür Sorge zu tragen, dass das Projekt pünktlich, budgetgerecht und dem erwarteten Mehrwert entsprechend beendet wird, wobei Sie neben der reinen Planung auch für die Vor- und Nachbereitung zuständig sind. Zudem stellen Sie als Projektmanager das Bindeglied zwischen Auftraggebern und den Ihnen unterstellten Projektmitarbeitern dar, das oftmals unterschiedliche Interessen und Bedürfnisse unter einen Hut bekommen muss.

Sie sind somit eine Mixtur aus Teammanager, Stratege, Kommunikator und Verhandlungsführer, der nicht selten auch Krisenherde befrieden und gerade in digitalen Zeiten zum Aufklärer und Überzeuger in Sachen Change-Management mutieren muss.

Ihre Aufgabenbereiche sind demzufolge weitreichend und, gelinde gesagt, mannigfaltiger Natur:

- Projektziele formulieren und abstimmen
- Budget-, Zeit- und Projektumfangsplanung
- Ressourcenprüfung und -allokation
- Risiko- und Umfeldanalyse
- Priorisierung der Anforderungen und Ausgaben
- Beschaffung und Verhandlung von finanziellen Mitteln
- Zusammenstellung und Führung des Teams
- Rollen zuweisen und Aufgaben delegieren
- Überwachung und Einhaltung von Richtlinien und Weisungen
- Berichterstattung hinsichtlich des Projektfortschritts
- Projektcontrolling und -dokumentation

2.7.2 Product Owner

Dem *Product Owner* kommt eine Schlüsselrolle in agilen Entwicklungsteams zu, weswegen er auch oft als *Scrum Product Owner* oder *Agile Pro-*

duct Owner bezeichnet wird. Er ist für die Produktvision und -strategie verantwortlich und legt seinen Fokus auf die individuellen Anforderungen der Stakeholder. Diese Anforderungen definiert und priorisiert er, um in enger Zusammenarbeit mit dem Entwicklungsteam sicherzustellen, dass das Endprodukt den Kundenbedürfnissen schlussendlich auch entspricht.

Eine seiner Hauptaufgaben ist hierbei die Verwaltung des *Product Backlogs*, in dem in Form von User Stories, umfangreicheren *Epics* oder anderen Features eine abzuarbeitende Aufgabenliste für die Entwickler erstellt wird, die sich nach der Anforderungsreihenfolge und der Roadmap richtet. Der Product Backlog ist dabei nicht als althergebrachtes Lastenheft zu verstehen, sondern als dynamische Liste, die vom Product Owner stets gepflegt, aktualisiert und weiterentwickelt wird. Im Sinne einer iterativen Entwicklung können so den Stakeholdern nach jedem Sprint Ergebnisse präsentiert werden, und das daraus resultierende Feedback kann direkt in die nächste Entwicklungsphase eingebunden werden.

Die Aufgaben des Product Owners drehen sich demnach um die folgenden Bereiche:

- Formulieren der Produktvision und des Entwicklungsplans
- Erstellen und Verwalten des Product Backlogs
- Anforderungen definieren und priorisieren
- Inkremente in Form von User Stories ableiten
- Stakeholdermanagement und Einsammeln von Feedback
- enge Zusammenarbeit mit dem Entwicklungsteam
- Überwachung, Bewertung und Präsentation des Projektfortschritts
- Entscheidung über den Release von Produktbestandteilen

2.7.3 Entwickler

Entwickler, auch *Developer*, *Programmierer* oder *Software Engineer* genannt, sind für die Umsetzung der technischen Aspekte des Projekts verantwortlich. Sie schreiben den Code, implementieren die Funktionalitäten und arbeiten eng mit dem Product Owner, dem Design- und dem

Qualitätssicherungsteam zusammen, um sicherzustellen, dass das Endprodukt den Anforderungen entspricht.

Zumeist wird hier je nach Qualifikation und Projektanforderungen zwischen *Frontend-*, *Backend-* und *Full-Stack-Entwicklern* unterschieden. Während Frontend-Entwickler die Benutzeroberfläche und somit jeglichen Teil des Systems programmieren, mit dem die Nutzer direkt in Interaktion treten, erstellen die Backend-Entwickler die Teile eines Systems – wie Server und Datenbanken –, die das Frontend zur Funktion zwar benötigt, aber für die Nutzer unsichtbar sind. Der Full-Stack-Entwickler hingegen verfügt über Erfahrung in beiden Bereichen und kann sich sowohl um Frontend- als auch um Backend-Aufgaben kümmern, die im Product Backlog auf der To-do-Liste stehen.

Die Hauptaufgaben der Entwickler setzen sich wie folgt zusammen:

- Verfassen, Testen und Debugging des Programmiercodes
- Programmierung der einzelnen Module
- Erstellen von Bedarfs- und Anforderungsanalysen
- Entwicklung und Wartung von Software und Datenbanken
- Anlegen und Pflegen der Bibliotheken
- Aufsetzen und Konzeptionieren der Architektur
- Entwicklung und Gestaltung der Benutzeroberfläche
- Implementierung im Frontend und Backend
- sorgfältige Projektdokumentation

2.7.4 Designer

Designer sind für die Gestaltung des *User Interface (UI)* und der User Experience (UX) innerhalb des Projekts verantwortlich. Beide Designdisziplinen sind eng miteinander verwoben und bedingen sich auf mehreren Ebenen gegenseitig, da ihnen ein zutiefst nutzerorientierter Ansatz innewohnt. Nichtsdestotrotz ist das UX-Design hierbei allein schon dem Namen nach als übergreifende Disziplin zu verstehen, die sich mit dem gesamten Nutzererlebnis zwischen Anwender und Produkt beschäftigt.

UX-Designer gehen der Frage nach, mit welchen Bedürfnissen, Emotionen und Motivationen ein Mensch einem Produkt gegenübertritt, um für ihn eine ganzheitliche Erfahrung zu schaffen. Diese Nutzerbedürfnisse muss ein UI-Designer zwar auch im Blick haben, aber im Gegensatz zum UX-Designer kann er seinen Schwerpunkt recht pragmatisch auf das System und die Anforderungen an die Technik legen. Durch den Einsatz von Farben, Grafiken, Typographie und weiteren wahrnehmungsbezogenen Stilmitteln kann er auf diese Weise eine visuell ansprechende wie auch übersichtliche Benutzeroberfläche erschaffen, mit der die Nutzer direkt in Kontakt kommen und einfach interagieren können.

Die Aufgabenbereiche rund um das nutzerzentrierte Designen umfassen somit Folgendes:

- Datensammlung und -analyse zur Nutzer- und Produktforschung
- Ausarbeiten von Personas oder eines Key Customers
- Erstellen von Wireframes und User Journeys
- Entwerfen von Mockups und Prototypen
- kontinuierliche Optimierung auf Grundlage von Nutzerfeedback
- Funnel-Analysen und Usability-Testings
- Entwicklung von Branding- und Stilrichtlinien
- Gestaltung der Benutzeroberfläche und von Interaktionselementen

2.7.5 Quality-Assurance(QA)-Tester

QA-Tester testen das Produkt in erster Linie auf Funktionalität, Benutzerfreundlichkeit und Fehler. Sie sind hauptverantwortlich für die Qualitätssicherung des Projekts und erstellen Testfälle, die sie manuell oder automatisch mit Hilfe von Fehlersuchprogrammen durchführen und deren Ergebnisse sie in verschiedenen Tools dokumentieren. Hierzu nutzen sie unter anderem *Änderungsprotokolle*, die eine schnelle Nachverfolgung des entdeckten Problems und des unternommenen Lösungswegs erlauben.

Damit Richtlinien und Qualitätsstandards eingehalten werden und es nicht erst in der Projektendphase um eine gründliche Testung geht, sollten die QA-Tester von Beginn an in den gesamten Entwicklungsprozess involviert werden. Sie stellen sozusagen den Stellvertreter des Endbenutzers dar und sollten daher zu den ersten Personen zählen, die mit der Software interagieren, um in enger Zusammenarbeit mit dem Entwicklerteam Probleme zu erkennen.

Der Aufgabenbereich der Qualitätssicherung umfasst:

- Entwerfen von Leitlinien und Testmethoden
- Erstellung und Durchführung von Tests
- Identifikation von Fehlern und Problemen
- Dokumentation der Ergebnisse
- Nachtesten der behobenen Fehler

2.7.6 Development-and-Operations(DevOps)-Spezialist

Ein *DevOps-Spezialist* oder auch *DevOps-Engineer* bildet die Schnittstelle zwischen den beiden Arbeitsbereichen Entwicklung (*Development*) und Betrieb (*Operations*), über die ein zuverlässigeres und vor allem auch schnelleres *Releasemanagement* ermöglicht werden soll. Da die Koordination durch die traditionell selbstständige Natur beider Arbeitsbereiche oftmals unzureichend ist und der Übergang von der Entwicklung in den Betrieb zumeist von vielstufigen Abnahmeverfahren gebremst wird, kommt dem DevOps-Spezialisten eine vielschichtige Rolle zu, um die unterschiedlichen Arbeitsweisen und Interessen mit Hilfe neuer automatisierter Prozesse, Methoden und Tools zu vereinen.

Er ist sowohl für die Bereitstellung, Konfiguration und Wartung der Infrastruktur als auch für die Sicherheit, *Systemadministration* und *Deployment-Pipeline* zuständig. Zuvorderst ist er aber Überbringer einer agilen Unternehmenskultur, die das Silodenken überwindet und neue Synergieeffekte durch die Zusammenarbeit von Entwicklung und Betrieb entstehen lässt, die auf einem kontinuierlichen Feedback- und Wissensaustausch mit dem Ziel einer gesamtheitlichen Prozessoptimierung beruhen.

Ein DevOps-Spezialist ist verantwortlich für:

- Bereitstellung, Konfiguration und Wartung der Infrastruktur
- Sicherstellen der Deployment-Pipeline
- Überwachung der Systemleistung und technischer Support
- Entwickeln von DevOps-Prozessen, -Tools und -Methoden
- Förderung der Kommunikation zwischen Arbeitsbereichen
- Systemadministration und -sicherheit

2.7.7 Scrum Master

Der *Scrum Master* ist sowohl Coach als auch Moderator, wenn es um das Etablieren und Einhalten von Scrum- und Agile-Praktiken geht. Sein Fokus liegt auf dem ihm zugewiesenen Team, das Scrum-Methoden lernen, einsetzen und weiterentwickeln soll. Je unerfahrener sich das Team darstellt, desto mehr rückt die Rolle des Scrum Masters in die des Lehrers und Aufklärers, der den Teammitgliedern die Scrum-Prinzipien und -Praktiken näherbringt. Bei erfahreneren Teams übernimmt er die Leitung als Unterstützer, der für die Einhaltung der Methoden verantwortlich ist und das Team bei der weiteren Ausbildung sowie Prozessoptimierung unterstützt.

Unter Einbezug aller Beteiligten sorgt er dafür, dass das Product Backlog von Team und Management verstanden und im zu vollziehenden Sprint abgearbeitet wird. Die Sprints selbst plant er optimalerweise so, dass das Team ohne externe Einflüsse und somit ungestört an die Arbeit gehen kann. Neben täglichen Meetings und einer umfassenden Aufarbeitung des abgeschlossenen Sprints hilft er dem Management bei der Klärung methodischer Fragen und kann die Wissensvermittlung agiler, crossfunktionaler Arbeitsweisen organisationsweit vorantreiben.

Zur Umsetzung der Scrum-Praktiken leistet der Scrum Master Folgendes:

- Leitet das Scrum-Team
- Lehrt das Team Scrum-Prinzipien und deren Einhaltung
- Moderiert die Planung und Durchführung von Sprints

- Hält tägliche Stand-up-Meetings ab, um den Sprint-Fortschritt zu bewerten
- Unterstützt das Team und beseitigt aufkommende Hindernisse
- Sorgt für die Abarbeitung des Backlogs
- Schützt das Team vor externen Einflüssen
- Bereitet Sprints nach und bespricht mit dem Team Verbesserungsmöglichkeiten

2.7.8 Agility Master

Der *Agility Master* ähnelt in seiner Rolle der des Scrum Masters, indem er sowohl als Coach als auch als Moderator für die Lehre und Etablierung agiler Methoden steht. Im Gegensatz zum Scrum Master muss er sich aber nicht auf das Scrum Framework beziehen, sondern kann seine Arbeit methodenunabhängiger gestalten. Je nach Situation und Anforderungen kann er so auf eine bestimmte agile Methode – zumeist Scrum oder Kanban – zurückgreifen oder gewissermaßen eine Mixtur verschiedener Methoden – wie z. B. *Scrumban* – als Herangehensweise wählen.

Durch seine ausgeprägte Expertise hinsichtlich agiler Frameworks wird der Agility Master zumeist auch in einer klaren Rolle des *Facilitators* gesehen, der die Neugestaltung oder Transformation mehrerer Teams oder der gesamten Organisation begleitet.

Die Aufgaben sind daher je nach Flughöhe des Agility Masters weitläufig und bedingen eine hohe Flexibilität, wenn es um die Implementierung agiler Methoden über Team- und Bereichsgrenzen hinweg geht:

- Beherrscht verschiedene agile Methoden
- Sorgt für die Lehre und Einhaltung agiler Prinzipien
- Begleitet den Transformationsprozess
- Leitet Teams und deren Abstimmung an
- Erarbeitet eine agile Strategie im Einklang mit den Unternehmenszielen
- Baut Vertrauen auf und räumt Hindernisse aus dem Weg

2.8 Aufgaben und Verantwortung im Projektmanagement

Je nach Organisation, Projektart und -größe variieren die zu bewältigenden Aufgaben und Verantwortlichkeiten innerhalb des Projektmanagements auf vielfältige Weise. Neben den klassischen Bereichen wie Planung, Überwachung und Kontrolle des Projektverlaufs sowie der Ressourcenallokation zeigt sich jedoch, dass das Management digitaler Initiativen mit weitaus komplexeren Herausforderungen konfrontiert wird, als es noch vor ein paar Jahrzehnten der Fall war.

Die den Märkten inhärente Dynamik mit stetig wechselnden Anforderungen in Kombination mit den häufig notwendigen strategischen Anpassungen hinsichtlich einer digitalen Transformation verlangen nach mehr Flexibilität, abteilungsübergreifendem Wissensaustausch und einer nachhaltigen Arbeitsweise, die ein agiles, digitales Mindset innerhalb einer Organisation verankert. Im Folgenden wollen wir uns deshalb mit den Aspekten befassen, die in nahezu allen digitalen Projekten als Aufgabenbereiche des Projektmanagements ihre Gültigkeit haben.

2.8.1 Projektplanung

Als Projektmanager sind Sie als Planer des gesamten Projektablaufs von Haus aus mit den meisten Verantwortlichkeiten ausgestattet. Dies beinhaltet die Definition der Ziele, die Erstellung des Projektplans, die Ressourcenplanung und die Festlegung von Meilensteinen. Sie sind somit die operative Instanz, wenn es darum geht, das Projekt zu organisieren, zu steuern und zu überwachen.

In enger Absprache mit dem Auftraggeber und den Projektverantwortlichen dirigieren und koordinieren Sie das Projektteam und sorgen dafür, dass dieses seine definierten Aufgaben im Zeitplan und kompetent löst. Innerhalb eines abgesteckten Handlungs- und Kompetenzrahmens haben Sie zudem das Recht, von allen Beteiligten projektrelevante Informationen einzufordern, und sind dazu angehalten, bei der Gefährdung jeglicher im Projekt eingeplanten Ziele zu intervenieren sowie direkt der übergeordneten Stelle oder dem Auftraggeber Bericht zu erstatten. Siehe Abschnitt 2.9, »Handlungsraum im Projektmanagement«.

- **Definieren Sie realistische Projektziele und legen Sie den Projektumfang fest:**
  - Was wollen und können wir erreichen?
  - Was ist der Scope und was nicht?
  - Sind die Ziele messbar?
- **Arbeiten Sie einen Zeitplan mit Meilensteinen und Arbeitspaketen aus:**
  - Wie sieht unsere Roadmap aus?
  - Wie stellen sich die (Unter-)Abhängigkeiten zwischen den Aufgaben dar?
- **Erstellen Sie einen Ressourcen- und Budgetplan:**
  - Was benötigen wir an Personal, Budget und Materialien?
  - Auf welche Ressourcen können wir intern zurückgreifen?
  - Sind die Ressourcen im vorgesehen Zeitraum verfügbar?
- **Stellen Sie Ihr Projektteam zusammen:**
  - Welche Rollen ausgestattet mit welchen Verantwortlichkeiten werden gebraucht?
  - Welche Qualifikationen und Fähigkeiten müssen die einzelnen Projektmitarbeiter mitbringen?
  - Wie divers muss sich das Team gestalten, um in der Umsetzung möglichst viele Perspektiven mit einzubeziehen?
- **Arbeiten Sie einen Kommunikations- und Dokumentationsplan aus:**
  - Welche Kommunikationswege sollen genutzt werden?
  - Wie und in welchem Zeitraum sollen Berichte erstellt werden, die verschiedene Stakeholder in Hinblick auf die Inhaltsebene zu Gesicht bekommen?
  - Wie werden alle projektrelevanten Daten systematisch erfasst und dokumentiert?
- **Legen Sie Qualitätsstandards und Kontrollmechanismen fest:**
  - Für welche Qualitätsstandards stehen wir ein und welche Vorschriften müssen befolgt werden?

  - Wie kann die Qualität regelmäßig überprüft und kontrolliert werden?
  - Welches System bietet sich an, um eine ganzheitliche Überwachung des Projektfortschritts zu ermöglichen?
- **Kümmern Sie sich um die Stakeholder und das Änderungsmanagement:**
  - Welche Interessen, Bedürfnisse und Erwartungen haben die jeweiligen Stakeholder?
  - Was passiert, wenn Anforderungen oder Stakeholder-Wünsche sich verändern?
  - Wie können wir Verbindlichkeiten gewährleisten, ohne an Flexibilität zu verlieren?

2.8.2 Qualitätssicherung

Die Qualitätssicherung ist für die Qualität der Arbeitsergebnisse verantwortlich, und deren zu erfüllende Kriterien sollten vom Start weg in die Prozesse mit eingebunden werden. Dies beginnt mit der Definition von Qualitätsstandards und den anforderungsgebundenen Maßnahmen, die zur Erreichung ebenjener Standards notwendig sind. Sind diese erstmal etabliert, kann sich das gesamte Team an diesen einheitlichen Standards orientieren und seine Arbeitsweise danach ausrichten.

Kontinuierliche Tests zur Überprüfung und Validierung der Prozesse sorgen zusätzlich dafür, dass der ausgegebene Qualitätsplan den gesamten Projektverlauf über verfolgt und bis zur Abnahme eingehalten wird. Für das Projektmanagement ist es deshalb ein wichtiges Steuerungstool, um Fehlentwicklungen rechtzeitig zu erkennen und dafür zu sorgen, dass etwaige Anforderungsänderungen gerade bei komplexeren Projekten direkt mit den angepeilten Qualitätskriterien abgeglichen werden können. Siehe Abschnitt 3.2.2, »Projektcontrolling und -dokumentation«.

- **Definieren und kontrollieren Sie Qualitätsziele und -standards:**
  - Verfügen wir über messbare Qualitätskriterien für Produkte oder Services, die mit unseren Qualitätszielen übereinstimmen?
  - Stehen Kontrollmechanismen zur Qualitätsüberwachung und zur Einhaltung von Vorschriften bereit?

- **Implementieren Sie Prüfverfahren:**
  - Gibt es Tests, mit denen die Service- oder Produktqualität überprüft werden kann?
  - Finden interne Audits zur regelmäßigen Überprüfung der Qualität statt?
- **Verfeinern Sie die Verfahren:**
  - Sind die Verfahren einheitlich und erfolgt eine nachvollziehbare Prozessdokumentation?
  - Können wir Systeme oder Techniken verfeinern, um eine bereichsübergreifende Qualitätsverbesserung zu erzielen?
- **Sorgen Sie intern wie extern für ein Qualitätsbewusstsein:**
  - Ist allen Mitarbeitern die Wichtigkeit der Qualitätssicherung und der Einhaltung von Qualitätsstandards bewusst?
  - Halten externe Partner und Zulieferer ebenfalls die von uns anvisierten Qualitätsstandards ein?
- **Vergessen Sie weder Mitarbeiter noch Kunden:**
  - Sind die Mitarbeiter ausreichend geschult, um die angestrebte Qualität zu erreichen?
  - Holen wir kontinuierlich Kunden-Feedback ein, um unsere Standards zu verifizieren und die Qualität zu verbessern?

2.8.3 Change-Management

Im digitalen Projektmanagement sind fortlaufende Veränderungen und Anpassungen oft unvermeidlich, da digitale Initiativen den stetig wechselnden Anforderungen eines dynamischen Wettbewerbs gerecht werden müssen und zumeist ein Puzzlestück einer strategischen Neuausrichtung darstellen. Um hier für den notwendigen Impact zu sorgen und besser auf Unvorhersehbarkeiten reagieren zu können, müssen Projektmanager deshalb heutzutage auch kompetente Change-Manager sein. Digitale Maßnahmen sind schließlich nicht nur für viele Unternehmen weitgehend unerforschtes Gebiet, sie sind zumeist auch Teil umfassender Veränderungen innerhalb einer Organisation.

Als Projektmanager sind Sie daher mehr denn je als Aufklärer und Überzeuger gefragt, der entgegen allen initialen Widerständen die Beteiligten auf den Veränderungsprozess einschwört, indem die dahinterstehende Sinnhaftigkeit und die daraus resultierenden Vorteile transparent aufgezeigt und vermittelt werden. Nur so kann sichergestellt werden, dass sich alle nicht nur als wichtiger Bestandteil des vor ihnen liegenden Projekts fühlen, sondern dass der organisatorische Wandel wirklich weiter vorangetrieben und im Unternehmen nachhaltig verankert wird. Siehe Abschnitt 3.3, »Kommunikation«.

- **Verstehen Sie die Veränderung:**
  - Warum ist die Veränderung notwendig und welche Ziele sollen hierdurch erreicht werden?
  - Wie sieht der Fahrplan für die Veränderung aus?
- **Identifizieren Sie die von der Veränderung Betroffenen:**
  - Wer ist alles von der Veränderung betroffen und wie stellen sich deren Bedenken, Erwartungen und Interessen dar?
  - Inwiefern verfügen die Betroffenen über die notwendigen Fähigkeiten und das Mindset, um die Veränderung umzusetzen?
- **Sorgen Sie für Aufklärung und Akzeptanz:**
  - Welche Inhalte und Kommunikationswege nutzen wir, um alle relevanten Stakeholder frühzeitig und individuell abzuholen?
  - Können wir mit Workshops, Schulungen oder einem Pilotprojekt für Akzeptanz sorgen und initiale Widerstände brechen?
- **Stärken Sie Ihr Team:**
  - Sind die Rollen und Verantwortlichkeiten im Umsetzungsteam klar zugewiesen?
  - Versteht sich jeder als Teil des Ganzen und weiß, dass Fragen, Feedback und Fehler zu einer Veränderung dazugehören?
- **Nehmen Sie den Fortschritt wahr:**
  - Überwachen wir den Fortschritt der Veränderung und teilen diesen kontinuierlich mit den Beteiligten?

- Sehen wir gesammelte Erfahrungen als Lernprozess, die wir direkt in neue Überlegungen und Optimierungen einfließen lassen?

- **Messen und feiern Sie Ihre Erfolge:**
  - Haben wir messbare Kriterien, die den durch die Veränderung erbrachten Mehrwert aufzeigen?
  - Sind alle auch dazu bereit, das während der Veränderung Erreichte angemessen zu würdigen und anzuerkennen?

2.8.4 Risikomanagement

Das *Risikomanagement* ist eng mit der Qualitätssicherung verwoben und zielt darauf ab, dass schwer abzuschätzende Ereignisse und potenzielle Risiken, die den zukünftigen Projektverlauf negativ beeinflussen könnten, identifiziert und am besten schon in der Planungsphase evaluiert werden. Die frühzeitige Erörterung hilft nicht nur dabei, Gegenmaßnahmen bereits vor dem eigentlichen Projektstart mit in die Überlegungen des Projektplans einfließen zu lassen, sondern auch, das Team direkt auf mögliche Herausforderungen aufmerksam zu machen.

Dieses proaktive Verständnis von Risikomanagement verringert in den meisten Fällen bereits die Eintrittswahrscheinlichkeit solcher Probleme und gibt dem Team die Gewissheit, dass im Fall der Fälle Methoden und Lösungsansätze bereitliegen und zumindest keine allzu bösen Überraschungen während des Projektverlaufs zu befürchten sind. Zudem sollten die als Unsicherheitsfaktoren erkannten mittleren bis hohen Risiken anhaltend überwacht und zur Entwicklung möglicher Gegenmaßnahmen konstant bewertet werden, da hierdurch sowohl potenzielle Schäden vermieden als auch neue Chancen der Prozess- und Produktoptimierung erkannt werden können. Siehe Abschnitt 3.2.5, »Risikoanalyse«.

- **Identifizieren und analysieren Sie mögliche Risiken:**
  - Welche internen und externen Faktoren stellen ein Risiko für das Vorhaben dar?
  - Kann das Eintreten verschiedener Szenarien in Wahrscheinlichkeiten formuliert werden?

- **Beschreiben Sie den zu erwartenden Impact:**
  - Wie würden sich die jeweiligen Risiken auf das Projekt auswirken?
  - Kann aufgrund der zu erwartenden Tragweite eine Priorisierung vorgenommen werden?
- **Planen Sie proaktiv den Umgang mit Risiken:**
  - Welche Maßnahmen helfen uns das jeweilige Risiko einzuschränken oder zu bewältigen?
  - Können wir das Eintreten bestimmter Risiken in Kauf nehmen?
- **Sorgen Sie für Transparenz:**
  - Wissen alle Stakeholder über erwartbare Risiken Bescheid und können diese einsehen?
  - Sind alle darüber im Bilde, welche Maßnahmen getroffen wurden oder bei Eintritt getroffen werden müssen?
- **Seien Sie den einen Schritt voraus:**
  - Wie überwachen wir die Risiken als auch die unternommenen Maßnahmen zu deren Bewältigung?
  - Gibt es Frühwarnindikatoren, die das Aufkommen eines Risikos ankündigen und einen schnellen Eingriff erlauben?
- **Lernen Sie aus den gesammelten Erfahrungen:**
  - Challengen wir stets die Risikobewertung und die getroffenen Maßnahmen?
  - Welche Erfahrungen helfen uns bei der Optimierung des laufenden Projekts und zukünftiger Vorhaben?

2.8.5 Budget- und Ressourcenmanagement

Während sich das *Budgetmanagement* recht selbsterklärend mit der Beschaffung und Verwaltung des Projektbudgets befasst, schließt das *Ressourcenmanagement* jegliche materiellen und immateriellen Mittel, die für die Umsetzung eines Projekts zur Verfügung stehen müssen, mit ein. Dies umfasst neben der Zuweisung finanzieller Mittel auch die Einplanung des Personals, der Ausstattung sowie der zeitlichen Ressourcen, die allesamt miteinander in Abhängigkeit stehen und deren Zusammenwirken essenziell für einen erfolgreichen Projektverlauf ist.

Durch die Priorisierung der einzelnen Aufgaben und der Identifizierung der notwendigen Mittel wird es möglich, Bedarf und Ressourcen miteinander in Einklang zu bringen, um die jeweiligen Anforderungen optimal zu erfüllen. Die Allokation der Mittel gilt es dabei von Projektbeginn an zu überwachen, damit flexibel auf mögliche Veränderungen oder auch Ressourcenausfälle reagiert und frühzeitig der Überbelastung von Ressourcen entgegengewirkt werden kann. Siehe Abschnitt 3.1, »Time, Scope und Budget«.

- **Identifizieren Sie alle erforderlichen Mittel:**
  - Wie stellen sich die Gesamtkosten und deren Aufteilung in einzelne Posten dar?
  - Welche Ressourcen werden für das Vorhaben benötigt?
- **Weisen Sie Ressourcen unter Einbeziehung ihrer Verfügbarkeit zu:**
  - Welche Ressourcen müssen für die jeweilige Aufgabe vorhanden sein?
  - Sind die Ressourcen im Hinblick auf den angestrebten Zeitplan verfügbar und können mögliche Engpässe vermieden werden?
- **Halten Sie die Kosten im Blick:**
  - Korreliert der Budgetaufwand mit den geplanten Ausgaben oder gibt es Kostenüberschreitungen?
  - Haben wir ein Kontrollsystem aufgesetzt, um neben der Kostenüberwachung auch Risiken und Einsparpotenziale aufzudecken?
- **Passen Sie den Mitteleinsatz an:**
  - Können Ressourcen umverteilt werden, um auch das Maximale aus den verfügbaren Mitteln herauszuholen?
  - Erfordern veränderte Bedarfe und Bedingungen eine Neuallokation?
- **Versorgen Sie die Stakeholder mit den notwendigen Infos:**
  - Ist der Budget- und Ressourcenplan allen relevanten Stakeholdern bekannt?

- Werden die Stakeholder regelmäßig über die Einhaltung der Pläne sowie über mögliche Herausforderungen informiert?

2.8.6 Dokumentation

Eine angemessene Dokumentation des Projekts, einschließlich Projektplänen, Fortschrittsberichten, Besprechungsprotokollen und des Archivierens sonstiger relevanter Dokumente, stellt den ersten Teil des formalen Projektabschlusses dar. Bei der Vielzahl elektronischer Daten sollte die Archivierung sorgsam und in einer transparenten Struktur mit klaren Benennungen erfolgen, da sich zum einen auch Projektfremde hiermit zurechtfinden müssen und zum anderen damit bei Folgeprojekten direkt und ohne großes Gesuche auf nützliche Unterlagen zurückgegriffen werden kann.

In diesem Zusammenhang sollten auch falsche, veraltete und unvollständige *Datenleichen*, sofern sie keinen Bezug zum Projektverlauf mehr aufweisen, aussortiert werden. Um hierbei einen möglichen Mehraufwand zum Projektende zu vermeiden, lohnt es sich in nahezu allen Fällen, bereits während des Projektverlaufs mit der Dokumentationsanfertigung zu beginnen. Siehe Abschnitt 3.2.2, »Projektcontrolling und -dokumentation«.

- **Definieren Sie den Grundriss:**
  - Welche Inhalte, Ziele und welchen Scope hat das Projekt?
  - Wie stellt sich das Projektmandat dar und welche Genehmigungsdokumente sind für den Startschuss notwendig?
- **Verfassen Sie den Projektplan:**
  - Wie sieht die Roadmap mit Zeitplan, Meilensteinen und Arbeitspaketen aus?
  - Welche Mittel werden zur Umsetzung benötigt?
- **Planen Sie Transparenz und Herausforderungen ein:**
  - Welche Risiken wurden identifiziert und wie sehen mögliche Gegenmaßnahmen aus?

  - Wie gestaltet sich der Kommunikationsplan mit den verschiedenen Stakeholdern?

- **Halten Sie den Projektfortschritt fest:**
  - Werden Fortschritts- und Statusberichte protokolliert?
  - Können Entscheidungen und Änderungen nachverfolgt werden?
- **Sorgen Sie für Verbindlichkeit:**
  - Werden Kommunikationsprotokolle, E-Mails und Stakeholder-Meetings festgehalten?
  - Werden alle Anträge und Genehmigungen im Zuge des Änderungsmanagements dokumentiert?
- **Stellen Sie die Qualität sicher:**
  - Erfolgen Berichte über Qualitätsprüfungen zur Einhaltung der gesetzten Standards?
  - Werden Schulungen und Weiterbildungen der Projektbeteiligten erfasst?
- **Erstellen Sie eine Abschlussdokumentation:**
  - Wurden die Projektziele erreicht und welche Relevanz ergibt sich aus deren Ergebnissen?
  - Wie sind einzelne Teilbereiche zu bewerten und können wir daraus Lehren für zukünftige Vorhaben ziehen?
- **Halten Sie alle relevanten Dokumente beisammen:**
  - Sind alle internen wie auch externen Verträge, Vereinbarungen und Lizenzen dokumentiert?
  - Gibt es eine umfassende Archivierung der Projektdokumentation zur Nachverfolgung?

2.8.7 Nachbereitung

Ein Projekt sollte nicht nur einen formalen Abschluss haben oder mit der Übergabe an den Auftraggeber enden, sondern auch eine umfassende *Nachbereitung* erhalten. Für viele Unternehmen sind digitale Projekte schließlich noch immer Neuland und die aus einem abgeschlossenen Projekt gezogenen Lehren daher mit Geld kaum aufzuwiegen.

Sammeln Sie Feedback von so vielen Stakeholdern wie nur irgend möglich. Dokumentieren Sie Ihre gesammelten Erfahrungen und identifizieren Sie *Best Practices* für zukünftige Projekte, damit Verbesserungspotenziale erkannt und aufgetretene Fehler nicht ein zweites Mal gemacht werden. Ein *Lessons-Learned-Workshop* oder eine abschließende Feedback-Runde des gesamten Projektteams hilft nicht nur, über die erzielten Ergebnisse zu reflektieren und die einzelnen Teammitglieder nochmals abzuholen. Beides kann auch dank der den Teams inhärenten Interdisziplinarität den Erfahrungsaustausch im Sinne einer zu verankernden Digitalisierungsstrategie über die Team- und Abteilungsgrenzen hinweg entfachen. Siehe Abschnitt 2.13, »Ein digitales Projekt erfolgreich abschließen«.

- **Arbeiten Sie das Projekt auf:**
  - Was wurde erreicht und inwiefern korrelieren die tatsächlichen Ergebnisse mit den angestrebten Zielen?
  - Welche Erfolge kann das Projekt aufweisen und welche Hindernisse mussten auf dem Weg überwunden werden?
- **Nehmen Sie das Team beim Erfahrungsgewinn mit:**
  - Wie stehen die einzelnen Teammitglieder zum Projektverlauf und der Zusammenarbeit?
  - Welche Erfahrungen sollten uns eine Lehre sein für zukünftige Vorhaben?
- **Klappern Sie die Stakeholder ab:**
  - Wie fällt das Feedback aller relevanten Stakeholder hinsichtlich der Projektumsetzung aus?
  - Wie zufrieden sind die Kunden mit dem Erreichten?
- **Bewerten Sie die Performanz:**
  - Konnte das Team im Zusammenspiel mit den eingesetzten Ressourcen eine optimale Leistung erbringen?
  - Gibt es Verbesserungsmöglichkeiten hinsichtlich der Arbeitsweise und auch hinsichtlich spezifischer Projektmanagementprozesse?

- **Vergleichen Sie das Geplante mit dem Ist-Zustand:**
  - Wo gab es Abweichungen in Bezug auf den Mittel- und Zeitplan?
  - Konnten sowohl eingeplante als auch unvorhersehbare Änderungen und Risiken bewältigt werden?
- **Sichern Sie alle relevanten Dokumente:**
  - Wurden alle relevanten Projektdokumente korrekt und vollständig archiviert?
  - Ist jede für zukünftige Vorhaben wichtige Information hinterlegt und zum Wohle des Wissenstransfers einsichtig?
- **Schließen und zelebrieren Sie das Projekt:**
  - Wurden alle Vereinbarungen, Verträge und Verpflichtungen erfüllt?
  - Wie würdigen wir den Projektabschluss sowohl mit dem Team als auch mit allen weiteren involvierten Stakeholdern?

2.9 Handlungsraum im Projektmanagement

Der *Handlungsraum* im Projektmanagement bezieht sich auf den Aktionsraum, innerhalb dessen ein Projektmanager Entscheidungen treffen kann und dessen Umfang sich je nach Organisation, Projektgröße und Projektstruktur unterscheidet. Er stellt sozusagen die Grenzen und Beschränkungen der Entscheidungsbefugnisse dar, die sich in einigen Fällen weitreichend gestalten, während in anderen Fällen die Wahlmöglichkeiten des Projektmanagers beschränkt sind und Entscheidungen möglicherweise von höheren Instanzen erst abgesegnet werden müssen.

Wo liegen meine Verantwortung und meine Autorität, Entscheidungen zu treffen und selbstständig Maßnahmen zu ergreifen, um das Projekt planen, kontrollieren und umsetzen zu können? Projektmanagement dreht sich immer um das Finden, Abwägen und Treffen von Entscheidungen, weshalb es unabdingbar ist, klar zu definieren, wo welche Befugnisse enden – sei es beim Setzen von Prioritäten, bei der Ressourcenstrategie, beim Zeitplan oder beim Risikomanagement – und welche Schritte notwendig sind, um eine Entscheidung herbeizuführen.

Zu den grundlegenden Aufgaben, die von Einschränkungen betroffen sind und die Grenzen des Handlungsraums definieren, gehören:

- **Projektumfang:** Nehmen Sie die selbstauferlegten Grenzen des Projektumfangs – was umfasst das Projekt und was nicht – ernst, da die darin definierten Parameter eine erste Ausdünnung des Handlungsraums bedeuten.
- **Projektzeitplan:** Ergreifen Sie notwendige Maßnahmen, um sicherzustellen, dass das Projekt im Zeitplan bleibt und Fristen eingehalten werden.
- **Ressourcenmanagement**: Verschaffen Sie sich einen Überblick über die Verfügbarkeit von Ressourcen, einschließlich Budget, Personal, Ausrüstung und Materialien, und optimieren Sie deren Zuteilung.
- **Stakeholdermanagement:** Setzen Sie sich mit den verschiedenen Erwartungen und Anforderungen aller Stakeholder auseinander und definieren Sie, was zur Zielerfüllung notwendig ist.
- **Risikomanagement:** Identifizieren Sie jegliche Risiken, die sich auf das Projekt auswirken könnten, und legen Sie sich einen Plan zurecht, wie mit Problemen umgegangen werden soll oder wie sie minimiert werden können.
- **Qualitätsmanagement:** Halten Sie Qualitätsstandards ein und stellen Sie sicher, dass die Projektergebnisse die vorgegebenen Qualitätskriterien erfüllen oder – wenn möglich – übertreffen.
- **Organisationsvorgaben:** Halten Sie sich an die Richtlinien und Verfahren der Organisation oder der Branchenstandards, die die Projektmanagementpraktiken regeln.

2.10 Kommunikation im Projektmanagement

In der Welt des Projektmanagements ist effektive Kommunikation nicht nur eine wünschenswerte Fähigkeit, sondern eine absolute Notwendigkeit. Verschiedene Stakeholder mit jeweils eigenen Interessen, Rollen und Perspektiven müssen schließlich abgeholt und vernetzt werden. Dabei geht die Kommunikation weit über den reinen Austausch von Informationen hinaus, um die Planung und Durchführung eines Projekts sicherzustellen.

Feedbackschleifen, aktives Zuhören und Sparring gehören genauso zu einer zielgerichteten Kommunikation wie die Fähigkeit, Botschaften an unterschiedlichste Zielgruppen anzupassen, um alle auf den gleichen Stand zu heben und sicherzustellen, dass ein gemeinsames Verständnis hinsichtlich der Projektziele, des Umfangs, der Verbindlichkeiten und der Zeitpläne gewährleistet ist.

[«]

Was Sie hier erwartet

- **2.10.1 Klare und präzise Kommunikation**

  Die Kommunikation im Projektmanagement sollte von Anfang an präzise und verständlich sein – ohne Fachjargon oder Floskeln.

- **2.10.2 Offene und transparente Kommunikation**

  Eine transparente und offene Kommunikation, die sowohl positive als auch negative Informationen teilt und sicherstellt, ist entscheidend.

- **2.10.3 Regelmäßige Kommunikation**

  Um einen reibungslosen Informationsfluss im Projekt zu gewährleisten, müssen regelmäßige Teammeetings, Fortschrittsberichte und Statusaktualisierungen Teil des Projektalltags sein.

- **2.10.4 Zwei-Wege-Kommunikation**

  Effiziente Kommunikation erfordert aktives Zuhören, Geduld und Offenheit für verschiedene Perspektiven.

- **2.10.5 Zielgruppengerechte Kommunikation**

  Die Kommunikation sollte an die unterschiedlichen Informationsbedürfnisse der Stakeholder angepasst sein.

- **2.10.6 Dokumentation der Kommunikation**

  Eine sorgfältige Dokumentation der Kommunikation im Projektmanagement, einschließlich Besprechungsprotokollen, E-Mails und anderer schriftlicher Kommunikation, ist absolute Pflicht.

2.10.1 Klare und präzise Kommunikation

Die Stakeholder müssen vom Start weg in die Bedeutung, das Ziel und das *Warum* des Projekts eingeweiht werden. Um dies zu gewährleisten, sollte die Kommunikation im Projektmanagement nicht nur präzise sein, indem der Fokus auf die wahrhaft wichtigen Themen gerichtet wird, sondern auch verständlich. Dies bedeutet, dass das Verwenden von Fachjargon oder Floskeln weitestgehend vermieden und stattdessen auf eine klare Sprache zurückgegriffen werden sollte.

Zwar kann es sicherlich sein, dass es Teammitglieder gibt, die sich mit Fachbegriffen wohler fühlen, jedoch können diese Termini im Gesamtkontext einfacher zu Irritationen führen, da deren Definitionen nicht immer so sattelfest sind, wie es scheint. Eine präzise wie auch klare Kommunikation hilft daher mögliche Missverständnisse zu vermeiden und sicherzustellen, dass alle Beteiligten die gleiche Sprache bei der Interpretation der Informationen sprechen.

2.10.2 Offene und transparente Kommunikation

Kommunikation soll optimalerweise Vertrauen schaffen und die Zusammenarbeit im Projektteam fördern. Dies gelingt nur, wenn alle relevanten Dokumente und Informationen – die positiven wie die negativen – transparent geteilt werden und deren Zugänglichkeit gesichert ist.

Eine offene und ehrliche Kommunikation, die aufkommende Schwierigkeiten direkt anspricht, ist die Grundvoraussetzung dafür, dass Gerüchte über mögliche Probleme, die schnell zu Irritationen oder Panikmache führen können, gar nicht erst entstehen. Zudem ermöglicht sie es in ihrer Transparenz, dass die Beteiligten Entschlüsse besser nachvollziehen können und sich in ihrer Wertigkeit sowohl für das einzelne Projekt als auch für das Unternehmen bestärkt fühlen.

2.10.3 Regelmäßige Kommunikation

Der Informationsfluss kann nur durch einen kontinuierlichen Informationsaustausch aufrechterhalten werden. Deshalb sollten in Form von *Weeklys* oder *Monthlys* regelmäßige Teammeetings, Fortschrittsberichte und

Statusaktualisierungen als unabdingbarer Bestandteil für eine erfolgreiche Kommunikation im Projektmanagement sicherstellen, dass wirklich alle Beteiligten involviert und auf dem aktuellen Stand sind.

Der laufende Austausch ermöglicht dabei nicht nur, dass die Stakeholder den Projektfortschritt einfach mitverfolgen können und ihnen die Projektziele wiederkehrend verdeutlicht werden, er sorgt auch dafür, dass eventuelle Probleme oder Schwierigkeiten frühzeitig erkannt werden, sodass sich die Beteiligten gemeinsam unmittelbar an die Lösungsfindung machen können.

2.10.4 Zwei-Wege-Kommunikation

Kommunikation darf keine Einbahnstraße sein! Allen Beteiligten muss die Möglichkeit gegeben werden, ihre Fragen, Anliegen und Vorschläge einzubringen, was nichts weniger bedeutet, als dass sie gehört werden sollen und wollen. Aktives Zuhören gemischt mit einer Portion Geduld und notwendiger Aufgeschlossenheit gegenüber unterschiedlichen Perspektiven sind daher die Hauptzutaten für eine offene *Zwei-Wege-Kommunikation*.

Diese fördert nicht nur die Zusammenarbeit und schafft ein besseres Verständnis hinsichtlich der diskutierten Themen und möglicherweise auseinanderliegender Meinungen, sie ermöglicht es auch, auf Feedback und Änderungsbedarf schnell zu reagieren. Zumindest dann, wenn eine *Feedback-Kultur* gelebt wird, bei der Aufgeschlossenheit und das Voneinander-Lernen im Mittelpunkt stehen und niemand mit seinem Anliegen einfach in die Warteschleife gelegt wird.

2.10.5 Zielgruppengerechte Kommunikation

Unterschiedliche Stakeholder haben natürlich auch unterschiedliche Informationsbedürfnisse. Während das Projektteam möglicherweise detaillierte technische Informationen für seine Aufgabenerfüllung benötigt, reicht es den Stakeholdern auf höherer Ebene wahrscheinlich aus, eine zusammenfassende Darstellung zu erhalten, bei der sie sich nicht in Details verlieren und die Übersicht gewahrt wird.

Um Missverständnisse zu vermeiden und allen Projektbeteiligten wirklich die Informationen zukommen zu lassen, die sie benötigen und auch durchdringen können, sollte die Kommunikation daher an die jeweils anzusprechende Zielgruppe und deren Bedürfnisse angepasst werden.

2.10.6 Dokumentation der Kommunikation

Ebenso wichtig wie die Dokumentation der Projektpläne, relevanter Dokumente und Fortschrittsberichte ist es, die Kommunikation im Projektmanagement angemessen und gewissenhaft zu dokumentieren. Dies umfasst neben Protokollen von Besprechungen und Chats auch den E-Mail-Verkehr, Berichte und anderweitige schriftliche Kommunikation. Jeder Austausch im Rahmen der Projektzusammenarbeit sollte schließlich einen Mehrwert haben, den es zu erfassen und zu archivieren gilt.

Ist dies der Fall, ermöglicht eine gute Dokumentation, Informationen und Entscheidungen besser nachzuvollziehen, und dient als Referenz für zukünftige Phasen des Projekts. Die Dokumentation selbst sollte dabei von Anfang an klaren Regeln hinsichtlich der zu nutzenden Software, Medien und Ablageorte folgen, damit die Informationen schnell aufgesucht und im Sinne der Auf- und Nachbereitung der Projektaufgaben direkt zur Verfügung stehen.

2.11 Den Kontext und den Nutzer verstehen

Ein digitales Vorhaben so zu gestalten, dass es allen Anforderungen und Wünschen, die der Anwender an das Produkt oder den Service stellt, entspricht oder sie gar übertrumpft, gleicht häufig einer Mammutaufgabe. Das Wort *Nutzerakzeptanz* ist dabei immer noch eine dunkle Wolke, die über jeglichem digitalen Projekt schwebt und es viel zu oft zum Scheitern verdammt.

Gerade bei oftmals vielschichtigen Großvorhaben und umfangreichen Unternehmungen ist es deshalb wichtig, die darin liegende inhärente Komplexität zu erfassen und zu durchdringen. Ein mangelndes Verständnis für die Nutzerbedürfnisse und -anforderungen führt ansonsten nur allzu leicht in Richtung eines schlichten Verwaltens bereits bekannter

Teilaspekte des Projekts inklusive zeitlicher und finanzieller Restriktionen, die das Vorhaben erschweren und auf falsche Bahnen lenkt.

Als Experten für die *nutzerzentrierte Gestaltung* ist es uns deswegen ein Anliegen, hierbei für Aufklärung zu sorgen. Aufklärung dahingehend, dass das Schlagwort User Experience kein abstraktes Gebilde darstellt, das alles nur noch weiter verkompliziert, sondern eine Disziplin, durch deren Methoden der Nutzer verortet, gehört und verstanden werden kann. Die Nutzer – seien es die eigenen Mitarbeiter oder späteren User und Käufer – sind es schließlich, für die entwickelt wird. Sie müssen mit Produkt oder Service umgehen können, ihm Vertrauen schenken und darin einen Mehrwert für sich sehen. Siehe Abschnitt 3.1.6, »Agile Requirements Engineering«.

2.11.1 Für Mehrwert und Nutzen sorgen

Die erste Frage in einem digitalen Projekt sollte immer lauten: »Wo ist der Mehrwert?«. Und die zweite: »Ist der Nutzen ein realer Nutzen?«. Dabei ist es eher Regel denn Ausnahme, dass diese Fragen in den meisten Fällen verneint werden müssen. Schnell stellt sich heraus, dass die Ausrichtung nicht mehr passt und um ein paar Grad abgewichen wurde.

Dies liegt daran, dass Lösungen im digitalen Kontext oftmals schlicht so gestaltet werden, dass sie für die verfügbaren Technologien passen, anstatt auf die wahrhaften Nutzerbedürfnisse einzugehen. Viele Unternehmen machen es sich schlicht zu einfach, wenn sie ausschließlich die verfügbaren Technologien betrachten und entsprechend diesen agieren. Und sie wundern sich dann, wenn der erhoffte Erfolg nicht eintritt.

Gerade in der heutigen digitalen, schnelllebigen Zeit ist es wichtiger denn je, ein gutes Gleichgewicht zwischen *Business Value* und *Customer Value* zu finden. Dieses »den Nutzern Gehör schenken« bedeutet hierbei auch, dem Service-Gedanken eine Hauptrolle zuzuweisen. Denn es gilt zu verstehen, dass der Mitarbeiter bei B2B- oder B2C-Enterprice-Systemen ebenso einen Nutzer darstellt, der durch die täglich steigende Anzahl an digitalen Produkten und Services in seinen Bedürfnissen und Anforderungen immer anspruchsvoller wird.

Es ist daher für jedes Projektvorhaben essenziell, den Nutzer von Beginn an in den Mittelpunkt zu stellen und ihn in das Projekt mit einzubinden. Vor allem deshalb, weil das Einsammeln von Nutzerfeedback vom Start weg hilft, die Anforderungen klarer zu definieren und somit Ressourcen viel zielführender eingesetzt werden können – was gleichwohl mit einer Steigerung der gesamten Produktivität einhergeht.

Dieses Sparen von Zeit und Ressourcen durch ein klareres Anforderungsmanagement ist aber nicht nur initial oder über den Projektverlauf hinweg zu sehen, sondern setzt sich auch nach dem Release in verminderten Schulungs- und Supportaufwänden fort. Denn wird das Produkt oder der Service dank des durchgehenden Nutzerfokus bestmöglich auf dem Markt etabliert, fallen auch zentrale Nachbesserungen weg, die viele Produkte und Services nach der Markteinführung begleiten.

2.11.2 Nutzerakzeptanz ernst nehmen

Des Weiteren haben digitale Produkte und Services, die mit einem nutzerzentrierten Ansatz entstehen, eine höhere Akzeptanz, da sie verständlich sind und positive Emotionen hervorrufen, wodurch der Nutzer das Produkt oder den Service auch wiederholt gebrauchen will und wird. Wenn der Nutzer über die Bedienung nicht großartig nachdenken muss, sondern diese einfach funktioniert und Spaß macht, wird er das digitale Produkt bzw. den Service auch nachhaltig im Kopf behalten und dessen Nutzung fortführen sowie weiterempfehlen.

Dies schafft nicht nur einen Wettbewerbsvorteil, wenn es darum geht, ein Produkt oder einen Service an den Mann zu bringen, sondern auch bei der Implementierung von Systemen innerhalb eines Unternehmens. Es ist nicht unüblich, dass bei einer neuen Software, die eine alte ersetzen soll, vielerlei Bedenken aufkommen und sich viele Mitarbeiter fragen: »Warum etwas ändern, das funktioniert?« oder denken: »Ich habe keine Lust, mich auf etwas Neues einzustellen!«.

Dieser Skepsis muss mit dem gleichen Nutzerverständnis begegnet werden, sodass brodelnden Bedenken schon vor dem Aufsetzen des neuen Systems begegnet wird und die Mitarbeiter abgeholt werden. Dabei gilt: Niemand will mit einem System arbeiten, das einem die Arbeit erschwert.

Und genauso will der Mensch auch seltenst von seinen Gewohnheiten ablassen. Aber niemand wird sich gegen eine neue Lösung wehren, die einem das Leben und die Arbeit erleichtert.

Sorgen Sie also dafür, dass Sie die Rahmenbedingungen von Beginn an genau abstecken. Es muss klar und eindeutig verstanden werden, was überhaupt die Anforderungen sind und ob sie im Einklang mit dem *Business Case* stehen. Nur dann kann der Nutzergedanke nachhaltig etabliert und ein Projektvorhaben von Anfang an so geplant werden, dass einem erfolgreichen Abschluss keine unvorhergesehenen Hürden im Weg stehen und das Projekt nicht schon vor dem Startschuss auf Grund läuft.

2.11.3 Jeder Nutzer ist relevant

Versteht man die Grundlagen der nutzerzentrierten Gestaltung, versteht man auch, dass jeder Einzelne – sei es ein Teammitglied, der Projektmanager selbst, ein Stakeholder oder eben der Kunde – ein Nutzer ist und seine Perspektive einen Beitrag für das große Ganze leisten kann.

Das Miteinbeziehen aller Beteiligten und der Aufbau von Nutzerverständnis zahlt somit in eine Vielzahl an Bereichen ein, die das Projektmanagement umfassen:

- **Anforderungsmanagement:** Die Nutzer mitsamt ihren Bedürfnissen, Erwartungen und Vorlieben bilden die Grundlage der Projektanforderungen, die für die Definition des Projektumfangs, des Projektplans und der Ziele notwendig sind.
- **Änderungsmanagement:** Jeder Nutzer ist gleichsam auch Betroffener, wenn es um Änderungen geht, die durch ein Projekt verursacht werden. Nehmen Sie Nutzeranliegen und Widerstände ernst, um bei der Einführung neuer Prozesse oder Systeme vom Start weg Vertrauen aufzubauen.
- **Feedback und Iteration:** Um wirklich agil und flexibel zu agieren, ist das kontinuierliche Feedback der Nutzer über den gesamten *Produktlebenszyklus* von entscheidender Bedeutung. Nutzen Sie Feedbackschleifen, um frühzeitig Probleme zu erkennen und Anpassungen vorzunehmen, die das Projekt in jeder Iterationsphase auf Kurs halten.

- **Kommunikation und Zusammenarbeit:** An Projekten ist eine Vielzahl von Menschen mit unterschiedlichen Rollen, Verantwortlichkeiten und somit auch verschiedenen Perspektiven beteiligt. Stellen Sie eine klare Kommunikation sicher, sodass jeder Einzelne seine Rolle, das Ziel und die gesetzten Erwartungen versteht.
- **Risikomanagement:** Ein Blick von außen schadet nie. Externen Nutzern fällt es oft leichter, potenzielle Risiken oder Probleme zu identifizieren, die für das Projektteam aus verschiedenen Gründen im toten Winkel liegen. Ihr Beitrag kann bei der Risikobewertung und -minderung von unschätzbarem Wert sein.
- **Qualitätssicherung:** Um sicherzustellen, dass das Projekt den Standards und Anforderungen entspricht, gibt es keine besseren Richter als die Nutzer selbst. Binden Sie die Nutzer in die Qualitätssicherungsprozesse ein, um deren Erwartungen mit den Ergebnissen abzugleichen.
- **Ressourcenmanagement:** Das Verständnis von Benutzerprioritäten und -präferenzen kann Ihre Entscheidung hinsichtlich der Ressourcenzuteilung beeinflussen. Schließen Sie Kompromisse und gleichen Sie konkurrierende Nutzeranforderungen aus, um Ressourcen so effektiv wie möglich zu verteilen.
- **Kunden- und Mitarbeiterzufriedenheit:** Die Endnutzer und deren Wahrnehmung des Projekts sind entscheidend für den Gesamterfolg Ihrer Unternehmung. Nehmen Sie deren Erwartungen ernst und versuchen Sie sie im Optimalfall zu übertreffen.
- **Projekterfolgsmetriken:** Die Nutzerzufriedenheit kann eine wichtige Erfolgsmetrik für Projekte darstellen, da unzufriedene Nutzer gravierende Auswirkungen auf den Ruf des Projekts und zukünftige Vorhaben innerhalb des Unternehmens haben können.

2.12 Anforderungen ableiten, beschreiben und managen

Unabhängig davon, ob es sich um die Entwicklung einer Software, die Implementierung eines neuen Geschäftsprozesses oder neuer Arbeitsmethoden handelt – *Requirements Engineering* bildet die Grundlage für den Aufbau eines jeden Projekts. Das *Anforderungsmanagement* bildet sozusagen die Brücke zwischen einer losen Idee, die immer mehr Form annimmt, und deren schlussendlicher Umsetzung.

Kurz gesagt: Ohne Anforderungen gibt es kein Projekt. Sie dienen als Blaupause für die Projektplanung, die Ressourcenzuweisung, das Risikomanagement und die Qualitätssicherung, um wirklich sicherzustellen, dass das Projekt seine Ziele rechtzeitig und innerhalb des Budgets erreicht.

Was sind die Erwartungen und Bedürfnisse der Stakeholder? Wie können wir die Anforderungen definieren und priorisieren? Was müssen wir erreichen? Dies alles sind Fragen, die Sie sich nicht nur zur Anforderungserhebung vor dem Projektstart unabdingbar stellen müssen, sondern im gesamten Projektverlauf evaluiert gehören, um die Rückverfolgung auf die Projektziele und die Einrichtung von Änderungskontrollmechanismen zu gewährleisten.

Das Anforderungsmanagement bildet nämlich nicht nur die Grundlage für Sie, um initial fundierte Entscheidungen im Hinblick auf die Ausrichtung und den Umfang zu treffen. Es muss auch im agilen Kontext als dynamischer und iterativer Prozess verstanden werden, der sich über den gesamten Projektlebenszyklus hinweg weiterentwickelt.

[«]

Was Sie hier erwartet

- **2.12.1 Anforderungen vom Start weg klar definieren**

  Das Agile Requirements Engineering erfordert eine explorative Herangehensweise, um komplexe Anforderungen zu identifizieren, zu strukturieren und zu priorisieren.

- **2.12.2 Flexibel auf veränderte Anforderungen reagieren**

  In agilen digitalen Projekten, wie Scrum oder Kanban, werden Anforderungen in kleine, flexible Inkremente zerlegt und in kurzen Entwicklungszyklen (Sprints) umgesetzt, wodurch eine kontinuierliche Anpassung und ein transparentes Change-Management ermöglicht wird.

- **2.12.3 Wenn mit unklaren Anforderungen gearbeitet wird**

  Die klare und umfassende Klärung von Anforderungen vor Projektbeginn ist entscheidend, da unklare Anforderungen zu Fehlkommunikation, Verzögerungen, Qualitätsproblemen und einem stetig wachsenden Projektumfang führen können, der das Budget und den Zeitplan sprengt und das Projekt gefährdet.

2.12.1 Anforderungen vom Start weg klar definieren

Grundvoraussetzung zur Erfassung, Gliederung und Strukturierung komplexer Anforderungen bildet die Analyse und stetiges *Agile Requirements Engineering*. Bei diesem Anforderungsmanagement ist es hilfreich, sich den Herausforderungen zunächst im Vorfeld explorativ zu nähern. Siehe Abschnitt 3.1.6, »Agile Requirements Engineering«.

So können Sie sich im Rahmen eines zeitlich begrenzten (Vor-)Projekts, wie einem *Sprint Null* oder *Proof of Concept (PoC)*, exemplarisch der Identifikation von Problemen und Chancen widmen und eine ganzheitliche Betrachtung der *User Journey* (die gesamte Nutzerreise bis zur Anfrage einer Dienstleistung bzw. zum Produktkauf) durchführen – mit dem Ziel, Potenziale und Ansatzpunkte ausfindig zu machen sowie Anforderungen zu sammeln, zu clustern und zu gewichten. Das Ergebnis sind hierbei nicht nur erste Designstudien, sondern auch die konkrete Erfassung des Nutzens und die Definition der Produktvision. Siehe Abschnitt 3.4.3, »Sprint Null und/oder Proof of Concept (PoC)«, sowie Abschnitt 3.4.5, »Definition der Produktvision«.

Durch weitere Research-Methoden werden die erfassten Anforderungen geschärft oder es gelangen neue hinzu – wobei es wichtig ist, nicht nur die Nutzer und Stakeholder mitsamt ihren Erwartungen und Bedürfnissen in die Erarbeitung der Anforderungen mit einzubeziehen, sondern die Anforderungen auch zu priorisieren und konstant einzupflegen. Gleichwohl führt kein Weg am kontinuierlichen Austausch mit den Stakeholdern und dem agilen Entwicklungsteam vorbei, da dies sowohl die Transparenz für alle am Projekt beteiligten Mitglieder als auch das agile Mindset der Stakeholder und Teams stärkt. Siehe Abschnitt 3.3, »Kommunikation«.

Das Ausformulieren der Nutzeranforderungen in User Stories ist dabei ein weiteres Werkzeug, das den Projektbeteiligten ein besseres Verständnis für die Nutzer und ihre Bedürfnisse vermittelt. So kann man sich nach der Entwicklung erster Gestaltungslösungen auf *Wireframe-Basis* iterativ mit jeder User Story und deren Lösung befassen. Parallel hierzu eignet sich auch die Erstellung einer *Informationsarchitektur*, um eine erfassbare sowie verständliche Ordnung aufzubereiten. Diese konzeptionell erarbeiteten Lösungsansätze und deren Teilaspekte können nun z. B. durch das Designen von *User Flows* – die den zurückzulegenden Nutzerpfad bis zum Abschluss einer Aufgabe aufzeigen – visualisiert oder gar durch einen Prototyp erlebbar gemacht werden.

Vor allem wenn die Anforderungen eine hohe Komplexität aufweisen oder die Projektumsetzung ganz allgemein mit einem hohen Aufwand verbunden ist, bietet es sich an, eine *Machbarkeitsstudie* durchzuführen, in der neben möglichen Vor- und Nachteilen sowie Marktchancen auch die benötigten technischen, organisatorischen und finanziellen Ressourcen evaluiert werden, um die Durchführbarkeit des Projekts aufzuzeigen. Gehen Sie wie folgt vor:

- Klärung der Anforderungen vor Projektbeginn, z. B. durch Sprint Null
- Umfassende Stakeholder-Interviews durchführen, um Bedürfnisse und Erwartungen zu verstehen
- Detaillierte Anforderungsdokumente erstellen, um die Ziele, Funktionen, Abläufe und Kriterien für das Projekt klar zu definieren
- Alle relevanten Interessengruppen einbinden, um ein gemeinsames Verständnis und eine klare Ausrichtung zu erreichen
- Machbarkeitsstudien durchführen, um sicherzustellen, dass die Anforderungen realistisch und erreichbar sind
- Agile Projektmanagement-Methoden nutzen, um auf Änderungen in den Anforderungen flexibel reagieren zu können

2.12.2 Flexibel auf veränderte Anforderungen reagieren

In digitalen Projekten gehört es dazu, dass auch während der Umsetzung weitere Anforderungen hinzukommen oder sich die erfassten Anforderungen verändern. Um dem gerecht zu werden, legen agile Projektmanagement-Methoden wie Scrum oder Kanban großen Wert auf Flexibilität, indem Projekte in kleine inkrementelle Teile, Aufgaben und Anforderungen zerlegt werden.

Die Teams sind darauf ausgerichtet, die Anforderungen in kurzen *Entwicklungszyklen* (Sprints), die über wenige Tage bis hin zu mehreren Wochen dauern können, zu entwickeln, an deren Ende immer eine fertige Produktfunktion bzw. ein Prototyp stehen sollte. Dies erlaubt den Teams das direkte Bereitstellen und Testen der neu entwickelten Elemente, sodass eine stetige Anpassbarkeit während des Projektverlaufs gegeben ist, da jede Iteration und Feedbackschleife Aufschlüsse darüber gibt, was tatsächlich funktioniert und was (noch) nicht funktioniert.

Das Überprüfen und Reviewen eines Produktinkrements nach jedem Sprint hilft zudem, potenzielle Risiken und Chancen in Bezug auf die Anforderungen schneller zu identifizieren und dementsprechende Maßnahmen frühzeitig einzuleiten. Dabei ist es auch eine gängige Methode, die Strategie des *Fail-Fast* (rasches Scheitern) zu nutzen, indem man so schnell wie irgend möglich entwickelt und Feedback einholt, um den unter Umständen bereits als risikobehaftet eingeschätzten Ansatz zu validieren oder zu falsifizieren.

Wurden die Teilaspekte im Product Backlog nach deren Risikohöhe priorisiert, können diese dann im Sinne der Risikominderung direkt abgearbeitet werden. Agile Methoden verfügen somit sowohl über eingebaute Mechanismen zur Anforderungsanalyse als auch über Fallnetze, die das Risikomanagement über den gesamten Projektverlauf stützen. Siehe Abschnitt 3.4.6, »Agiles Arbeiten mit Scrum und/oder Kanban«.

Verändern sich die Anforderungen erheblich, ist ein transparentes, strukturiertes Change-Management-Verfahren wichtig, das agile Methoden ebenfalls erleichtern. Beim Auftreten von Problemen oder Hindernissen, die das Verändern, Ersetzen oder Hinzufügen eines Teilelements erfordern, werden diese notwendigen Abänderungen genauso in das priorisierte Product Backlog überführt wie Änderungswünsche der verschiedenen Stakeholder.

Gemeinsam kann dann entschieden werden, inwiefern die Änderung in einem nachfolgenden Sprint adressiert werden kann – ohne den laufenden Sprint negativ zu beeinflussen oder ad absurdum zu führen – oder ob ein Sprintabbruch gerechtfertigt ist, da die neue Anforderung eine sofortige Änderung erfordert. Das stetige Kommunizieren und Informieren aller betroffenen Parteien erlaubt so die notwendige Transparenz wie auch Kontrolle über die laufenden Projektaktivitäten und bietet die Möglichkeit, auf Auswirkungen auf den Projektumfang sowie Veränderungen in der externen Umgebung zu reagieren. Siehe Abschnitt 3.3.3, »Change Requests Management«.

2.12.3 Wenn mit unklaren Anforderungen gearbeitet wird

Um eine erfolgreiche Umsetzung sicherzustellen, müssen die Anforderungen vor Beginn des Projekts ausreichend verstanden und geklärt werden, da das Starten eines Projekts ohne klare Anforderungen zu erheblichen Risiken und Problemen führen kann. Eine der größten Gefahren besteht darin, dass das Projektteam die Ziele und Erwartungen unterschiedlich interpretiert, wodurch ein Nährboden für Fehlkommunikation entsteht, der schnell in Verzögerungen und Qualitätsproblemen mündet.

Mangelnde oder fehlerhafte Informationen hinsichtlich der Zuständigkeiten, Abgabetermine und des Projektfortschritts sorgen dabei nicht nur für wachsenden Unmut, der das Vertrauensverhältnis zwischen den Beteiligten erodiert. Sie können zudem das Erreichen der anvisierten Meilensteine oder gar das gesamte Projekt gefährden, da das Management das Auflösen der chaotischen Zustände vermeintlich nur durch einen Projektabbruch erreichen kann.

Unklare Anforderungen führen aber nicht nur dazu, dass die Unzufriedenheit der Stakeholder wächst und deren Erwartungen nicht erfüllt werden, sie können auch schnell zu unaufhaltsamen Zeit- und Ressourcenfressern werden. Der stetige Bedarf an Änderungen und Anpassungen geht schließlich zumeist auch mit einem erhöhten Bedarf an zusätzlichen Ressourcen und dementsprechend wachsenden Kosten einher, die durch ineffiziente Arbeitsabläufe nur noch weiter in die Höhe getrieben werden. Zudem können unklare Anforderungen auch dazu führen, dass das Projektteam Annahmen trifft oder Abkürzungen als valide verbucht, um Zeit zu sparen, was unweigerlich die Qualität des Endprodukts beeinträchtigt.

All dies erhöht die Gefahr eines *Scope Creep*, der die schleichende Ausdehnung des Projektumfangs beschreibt, der vielen Projekten zum Verhängnis wird. Plötzlich auftauchende Anforderungen – oftmals eingebracht durch das Verlangen zusätzlicher Features oder Funktionen von Kundenseite –, die in der Planung nicht vorgesehen waren, schleichen sich vereinzelt in den Projektumfang hinein und füllen den Projektballon nahezu unaufhörlich, bis dieser eben platzt. Eine unaufhaltsame Spirale beginnt, bei der der Arbeitsaufwand wächst und wächst, Budgets und Zeitpläne gerissen werden und keiner mehr weiß, was dieses *Was*, dieses Ziel hinter dem Projekt, überhaupt einmal war.

2.13 Ein digitales Projekt erfolgreich abschließen

Die letzte Phase eines Projekts ist der *Projektabschluss*, der zugleich die Arbeit nach der Freude über das Erreichen des letzten Meilensteins einläutet. Unabhängig davon, ob das Projekt tatsächlich geschlossen werden soll, es in eine nächste Phase übergeht oder Sie Ihre Verantwortung weitergeben – der Projektabschluss gehört zu jedem Projekt, um offene Fragen zu klären, Knowhow weiterzugeben, das Vollbrachte mitzuteilen und sicherzustellen, dass die Ergebnisse auch ihre Wirkung entfalten.

Der Projektabschluss umfasst in der Regel folgende Aufgaben:

- **Überprüfen Sie die Zielerreichung und den Projektplan:**
  - Wurden alle vordefinierten Meilensteine bzw. Ziele erreicht und entsprechen sie der Realität?
  - Welche Anpassungen mussten im Projektverlauf vorgenommen werden?
  - Wurde an alles gedacht oder stehen noch Aufgaben aus?
- **Erledigen Sie administrative Aufgaben:**
  - Aktualisieren Sie die Dokumentation und versichern Sie sich ihrer vollständigen Archivierung.

  - Stellen Sie das Projektbudget fertig und überprüfen Sie, ob noch Rechnungen oder Verträge ausstehen.
  - Leiten Sie die Projektauflösung oder -neuzuweisung ein.
- **Besprechen und testen Sie die Projektergebnisse mit allen Beteiligten:**
  - Übermitteln Sie allen relevanten Stakeholdern die Projektunterlagen und geben Sie ihnen die Möglichkeit, die Ergebnisse zu überprüfen, um Erwartungen abzugleichen und offene Fragen zu klären.
  - Führen Sie weitere Nutzertests durch, um zusätzliche Verbesserungsmöglichkeiten zu identifizieren.
- **Kümmern Sie sich um Schulungen, Wartung und Support:**
  - Gibt es Benutzerhandbücher und Schulungsmaterialien?
  - Wie sieht das Supportsystem aus, um Nutzerfragen und -probleme zu beantworten bzw. zu lösen?
  - Muss ein Wartungsplan ausgearbeitet werden und wie stellt sich dieser dar?
- **Halten Sie eine Projektnachbesprechung zur Erkenntnissicherung ab:**
  - Holen Sie von Ihrem Team Feedback hinsichtlich der Projektziele und des Projektablaufs ein.
  - Führen Sie einen Lessons-Learned-Workshop durch, um das, was gut oder eben nicht so gut lief, herauszuarbeiten und die gewonnenen Erkenntnisse für zukünftige Projekte zu sichern.
- **Halten Sie eine Abschlusspräsentation:**
  - Stellen Sie dem Auftraggeber und allen relevanten Parteien Ihre Projektergebnisse und den Projektbericht vor.
- Gehen Sie auf mögliche Planabweichungen und neu gesammelte Erfahrungen ein.
  - Nutzen Sie die Präsentation, um allen Verantwortlichen noch einmal Gehör zu schenken und letzte Unstimmigkeiten zu beseitigen.

- **Legen Sie zur Absegnung einen Abschlussbericht vor, der Folgendes umfasst:**
  - einen gesamtheitlichen Projektüberblick mitsamt allen Meilensteinen und Zeitplänen inklusive Abweichungen
  - die Projektergebnisse und Zielvergleiche
  - die Aufstellung der Projektkosten und Aufwände
  - eine Risikoanalyse und die Beschreibung aller Genehmigungen sowie Auswirkungen des Änderungsmanagements
  - eine Auflistung aller gesammelten Erfahrungen und Empfehlungen für zukünftige Projekte

Wurden alle vom Unternehmen gesetzten Bestimmungen eingehalten und das Projekt abgenommen, ist nun wirklich Zeit, die Sektkorken knallen zu lassen. Zwar fällt es einigen vor allem bei digitalen Vorhaben schwer, von der Beendigung eines Projekts zu sprechen – verbirgt sich doch die nächste *Optimierungsphase* sowieso bereits hinter der nächsten Ecke –, aber jeglicher Projektabschluss sollte auch als solcher gesehen und gefeiert werden. Würdigen Sie also die erbrachten Leistungen aller Beteiligten und klopfen Sie sich ruhig auch selbst auf die Schulter – wobei wir hoffen, dass dies schon andere für Sie übernehmen.

Kapitel 3

Methodischer Leitfaden – Werkzeuge des digitalen Projektmanagements

3

Etablierte Methoden und praktische Werkzeuge, die Ihnen bei der effektiven Planung und erfolgreichen Durchführung Ihres Projekts helfen werden.

In diesem Kapitel wollen wir gemeinsam mit Ihnen tiefer in die Projektumsetzung eindringen – Ihnen sozusagen unsere Best Practices aufzeigen, wie ein Projekt aufgesetzt, kontrolliert, kommuniziert und durchgeführt werden sollte. Hierbei ist es uns wichtig herauszustellen, dass alle folgenden Ansätze und Methodiken miteinander zusammenspielen und nur in ihrer Kombination die erwünschte Wirkung entfalten können.

Was Sie hier erwartet

- **3.1 Time, Scope und Budget**

  Die drei grundlegenden Aspekte, auf denen jedes Projekt aufbaut. Wir zeigen Ihnen, wie Sie eine durchdachte Ressourcenstrategie und eine effiziente Kostenkontrolle aufsetzen, geplante Aufgaben kontextualisieren und mittels Budgetplanung in einen eindeutigen Zeit- und Kostenrahmen überführen – und wie Sie Anforderungen ableiten.

- **3.2 Auftraggeber- und Stakeholdermanagement**

  Stellen Sie Ihren nutzerzentrierten strategischen Fahrplan in Form einer Roadmap auf und überwachen Sie Ihr Projekt über seinen gesamten Lebenszyklus. Analysieren Sie Risiken sowie Nutzen zur Entscheidungsfindung und behalten Sie mit Hilfe von Management Reports den Überblick über Ihr Projekt.

- **3.3 Kommunikation**

  Nutzen Sie Projektberichte, um alle relevanten Informationen Ihres Projektzustands und -fortschritts zu kommunizieren. Formulieren Sie Ihre Vision als Leuchtturm und verfolgen Sie klare Change-Management-Verfahren.

- **3.4 Ausrichtung und Zielerreichung**

  Halten Sie den Projektbedarf und Ihre Ziele immer im Blick. Testen Sie Ihre Ideen und vergewissern Sie sich, dass die Nutzer im Fokus stehen. Kümmern Sie sich um Ihr Team und starten Sie mit agilen Arbeitsweisen.

3.1 Time, Scope und Budget

Zeit, Umfang und Budget sind die drei entscheidenden Aspekte für eine effektive Planung, Steuerung und Überwachung im Projektmanagement, in denen das Scheitern der meisten Projekte zu verorten ist. Wir zeigen Ihnen, wie Sie diese Kernaspekte in einem ausgewogenen Verhältnis halten und sicherstellen, dass Ihr Projekt innerhalb der vorgegebenen Zeit, des definierten Umfangs und des Budgets abgeschlossen werden kann.

[»]

Was Sie hier erwartet

- **3.1.1 Ressourcenstrategie**

  Eine gut durchdachte Ressourcenstrategie erfordert die Identifizierung, Zuweisung und kontinuierliche Verwaltung aller erforderlichen Ressourcen, um deren optimale Nutzung im Projektverlauf zu gewährleisten.

- **3.1.2 Aufgabenplan**

  Ein strukturierter Aufgabenplan setzt die geplanten Aufgaben, deren Reihenfolge und Abhängigkeiten in einen zeitlichen Kontext und dient als Aktionsplan zur rechtzeitigen und effizienten Erfüllung der Aufgaben.

- **3.1.3 Ausgabenplan**
  Im Ausgabenplan werden den Anforderungen Kosten zugewiesen, wodurch er die Grundlage für die Budgetplanung bildet.
- **3.1.4 Mittelabflussplan**
  Im Mittelabflussplan werden die identifizierten Aufgaben und Ausgaben in einen eindeutigen Zeit- und Kostenrahmen gesetzt, um den genauen Zeitpunkt der Mittelabflüsse zu bestimmen.
- **3.1.5 Kostenkontrolle**
  Die Kostenkontrolle dient der Überwachung und Verwaltung aller Projektaufwendungen, damit sowohl die Projektmittel als auch der Projektumfang eingehalten werden können.
- **3.1.6 Agile Requirements Engineering**
  Klare Nutzeranforderungen abzuleiten ist essenziell, um den Nutzungskontext zu verstehen und auf Änderungen reagieren zu können.

3.1.1 Ressourcenstrategie

Eine gut durchdachte Ressourcenstrategie spielt im digitalen Projektmanagement eine zentrale Rolle, um sicherzustellen, dass Ihre Projekte pünktlich, innerhalb des Budgets und mit hoher Qualität abgeschlossen werden können. Alle erforderlichen Ressourcen müssen daher identifiziert, zugewiesen und kontinuierlich verwaltet werden, damit sie optimal genutzt und eingesetzt werden können.

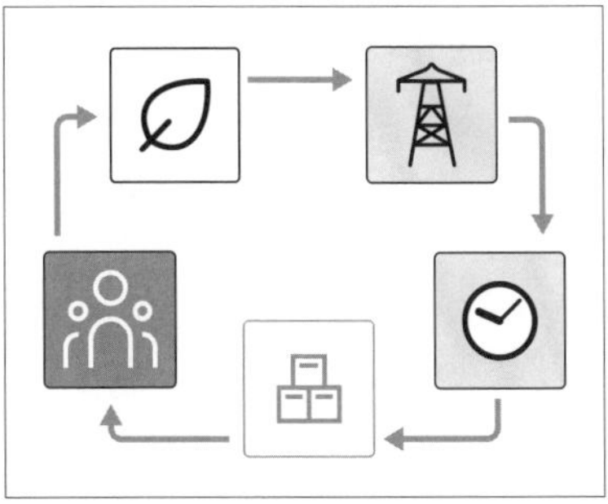

Abbildung 3.1 Ressourcenkreislauf

Die wichtigsten Bestandteile einer Ressourcenstrategie umfassen:

- **Bedarfsanalyse:**
  - Ermitteln Sie den Bedarf von Personal, Technologie, Zeit und finanziellen Mitteln.
  - Identifizieren Sie die für das Projekt erforderlichen Teammitglieder, deren Rollen, Fähigkeiten und Fachkenntnisse.
  - Bestimmen Sie jegliche Ausrüstung, Tools und Materialien, die zur Projektumsetzung benötigt werden.
- **Ressourcenallokation:**
  - Bewerten Sie die Kapazität und die Verfügbarkeit jedes Ressourcentyps und gleichen Sie sie mit den Projektanforderungen ab.
  - Teilen Sie die für das Vorhaben identifizierten Ressourcen bestimmten Teammitgliedern zu.
  - Erwägen Sie Schulungen oder Einstellungen, wenn es bei erforderlichen Fähigkeiten Lücken gibt.
- **Zeitmanagement:**
  - Unterteilen Sie das Projekt in überschaubare Aufgaben und weisen Sie diesen je nach Anforderung Ressourcen zu.
  - Entwickeln Sie einen Zeitplan, der die Verfügbarkeit von Teammitgliedern und anderen beteiligten Personen oder Dienstleistern berücksichtigt.
  - Legen Sie dar, wann welche Ressource benötigt wird, um Engpässe zu vermeiden und die Ressourcennutzung zu optimieren.
- **Überwachung:**
  - Legen Sie ein klares Budget für das digitale Projekt und die kontinuierliche Überwachung fest.
  - Implementieren Sie Tools und Prozesse zur Überwachung der Ressourcennutzung über den Projektlebenszyklus.
  - Vergleichen Sie stetig die tatsächliche Ressourcennutzung mit der geplanten Zuteilung und nehmen Sie bei Bedarf Anpassungen vor.

- **Risikomanagement:**
  - Identifizieren Sie potenzielle Risiken im Zusammenhang mit Ressourcen (z. B. Personalausfall).
  - Erkennen Sie alle Einschränkungen, die sich auf die Ressourcenverfügbarkeit auswirken können (z. B. Budgetbeschränkungen oder externe Abhängigkeiten).
  - Entwickeln Sie Pläne zur Bewältigung von Engpässen (z. B. alternative Ressourcen oder Zeitplananpassungen).

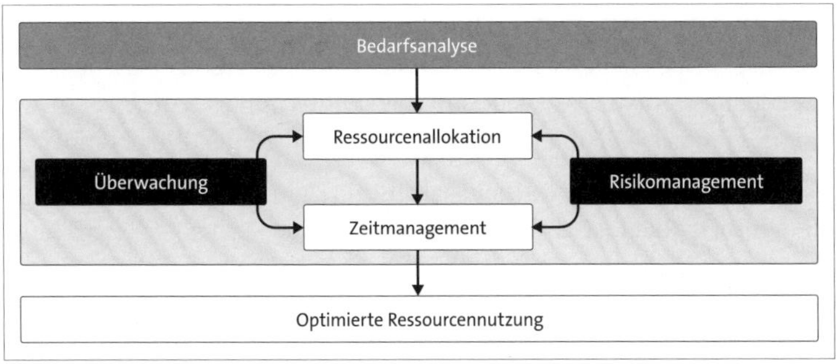

Abbildung 3.2 Ressourcenstrategie

Tipps und Tricks

- Identifizieren und priorisieren Sie Ihre wichtigsten Ressourcen.
- Setzen Sie klare Ziele für die Nutzung jeder Ressource (Wissen über Ressource, Mehrwert, Belastbarkeit).
- Prüfen Sie regelmäßig den Ressourcenverbrauch.
- Investieren Sie in Schulungen für Mitarbeiter zur besseren Ressourcennutzung.

3.1.2 Aufgabenplan

Ein *Aufgabenplan* – oft als *Projektzeitplan* oder schlicht Gantt-Diagramm bekannt – ist ein visuelles Tool, das die geplanten Aufgaben, deren Reihenfolge und Abhängigkeiten in einen zeitlichen Kontext setzt und folgende Fragen beantworten soll:

- Wie lange dauert die Bewältigung einer Aufgabe?
- Welche Zwischentermine bzw. Meilensteine gibt es?
- In welcher Reihenfolge müssen die Anforderungen umgesetzt werden?
- Wann muss das Projekt geliefert werden?

Mit ihm erstellen Sie somit einen strukturierten Ablaufplan, der Ihr gesamtes Projekt oder Teilprojekte umfasst und Aufgaben auf einer Zeitleiste priorisiert. Für Ihr Team dient der Aufgabenplan als Leitfaden und Aktionsplan, um sicherzustellen, dass alle Aufgaben rechtzeitig und effizient erledigt werden. Das wiederum trägt zur termingerechten Fertigstellung des Projekts bei und ist somit entscheidend für den Projekterfolg.

Durch die Unterteilung in Arbeitspakete und kleinere Aufgaben stellen Sie die Umsetzbarkeit selbst komplexerer Projekte sicher, da die Teams Schritt für Schritt ihren Fokus bündeln können. Zudem sichern Sie die Verfügbarkeit der zu einem bestimmten Zeitraum benötigten Ressourcen, da Sie die Aufgaben unter Berücksichtigung ihrer Abhängigkeiten – bereitstehendes Personal, Budget und bereitstehende Ausrüstung – zum Zeitpunkt X verteilen können.

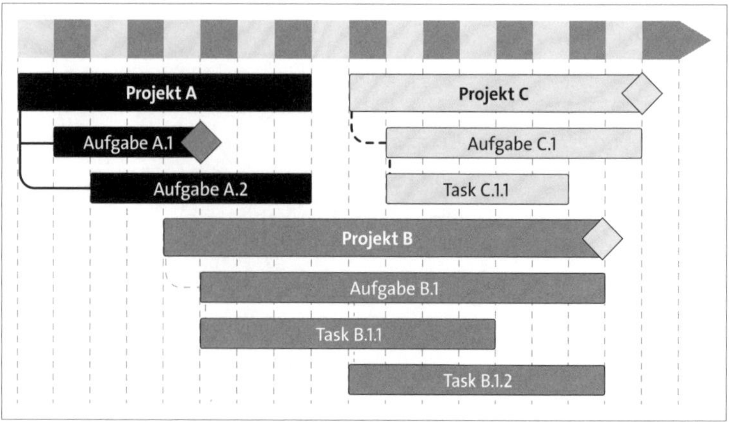

Abbildung 3.3 Aufgabenplan

Die Darstellung des Aufgabenplans kann je nach Projektumfang und Ziel natürlich verschiedene Elemente enthalten. Doch auch wenn bei sehr kleinen Projekten manchmal eine einfache To-do-Liste den Zweck erfüllen könnte, sollten Sie es sich zur Gewohnheit machen, die folgenden Anforderungen und Eigenschaften bei der Erstellung immer zu berücksichtigen, um den größtmöglichen Nutzen zu erhalten.

- **Ziele festlegen:** Klare Definition der Ziele, um die Aufgaben darauf auszurichten. Diese Ziele sollten spezifisch, messbar, erreichbar, relevant und zeitgebunden sein.
- **Aufgabenidentifikation:** Identifikation aller Aufgaben, die für das Ziel erforderlich sind.
- **Priorisierung:** Im Optimalfall Priorisierung der Aufgaben nach Aufwand/Nutzen für das Ziel und ihrem Beitrag zu den Projektzielen.
- **Aufwandsschätzung:** Schätzung der Zeit, die für jede Aufgabe benötigt wird.
- **Abhängigkeiten:** Identifikation von Abhängigkeiten zwischen verschiedenen Aufgaben zur Bestimmung der Reihenfolge, da manche Aufgaben erst dann begonnen werden können, wenn andere abgeschlossen sind.
- **Übersichtlichkeit:** Verwendung von Projektmanagement-Software oder Tools, um z. B. ein Gantt-Diagramm zu erstellen, das die Aufgaben, deren Dauer und Abhängigkeiten sowie Start- und Endtermine visualisiert.
- **Ressourcenzuweisung:** Zuweisung von verantwortlichen Teammitgliedern oder anderen Ressourcen zu den einzelnen Aufgaben. Dies stellt sicher, dass die Verantwortlichkeiten klar sind und Teammitglieder wissen, welche Aufgaben sie erledigen müssen.
- **Monitoring und Aktualisierung:** Kontinuierliches *Monitoring* des Fortschritts der Aufgaben im Vergleich zum Zeitplan. Anpassung des Aufgabenplans, wenn sich die Anforderungen ändern oder Probleme auftreten.
- **Kommunikation und Transparenz:** Der Aufgabenplan muss allen Projektbeteiligten frei zugänglich sein, damit jeder über den aktuellen Stand und die zu erfüllenden Aufgaben informiert ist.

Tipps und Tricks

- Planen Sie regelmäßige Meetings und Statusupdates im Sinne der Transparenz und zur Besprechung des Fortschritts.
- Setzen Sie klare Prioritäten je identifizierter Aufgabe und arbeiten Sie Aufgaben nach ihrer Bedeutung und Dringlichkeit ab.
- Legen Sie realistische Zeitrahmen fest.
- Sorgen Sie für Klarheit hinsichtlich Ownership und Verantwortung (*ein* Owner, der verantwortlich für die Erledigung der Aufgabe ist).

3.1.3 Ausgabenplan

Der Ausgabenplan bildet die Grundlage für die Budgetplanung auf Führungsebene und ist Teil der Kostenkontrolle. Haben Sie Ihre Roadmap mit dem Projektverlauf, den Meilensteinen und Zielen erstellt und den Aufgabenplan ausdefiniert, müssen den zur Projektumsetzung notwendigen Anforderungen Kosten zugewiesen werden:

- **Kostenschätzung:**
  - Erstellen Sie eine detaillierte Schätzung aller Projektkosten.
  - Unterscheiden Sie zwischen *fixen* (z. B. Festangestellte) und *variablen* (z. B. Freelancer) *Kosten*.
  - Berücksichtigen Sie den *Abgangszeitpunkt* (z. B. monatlich, im Quartal, jährlich).
- **Budgetaufteilung:**
  - Ein Projekt hat verschiedene Phasen und somit auch verschiedene Budgetanforderungen.
  - Teilen Sie das Budget auf die Phasen auf (z. B. Planung, Umsetzung, Überwachung).
  - Trennen Sie zwischen *Personal-* und *Materialkosten*.
- **Überwachung:**
  - Erstellen Sie regelmäßige *Finanzberichte* für relevante Stakeholder.

- Nutzen Sie interne Prüfungen und Software, damit die Ausgaben im Einklang mit Unternehmensstandards stehen und überwachbar sind.
- Implementieren Sie Pläne zur Kostenkontrolle und zum *Genehmigungsverfahren*.
- Vergleichen Sie kontinuierlich die tatsächlichen Ausgaben mit den geschätzten Kosten.

- **Anpassung:**
  - Erstellen Sie Prognosen für zukünftige Kosten basierend auf den bisherigen Ausgaben und dem Projektfortschritt.
  - Passen Sie den Ausgabenplan bei Änderungen im Projektumfang und beim Aufkommen zusätzlicher Kosten an.
  - Bilden Sie zur Sicherheit einen Puffer als Rücklage, um auch bei unvorhergesehenen Ereignissen handlungsfähig zu bleiben.

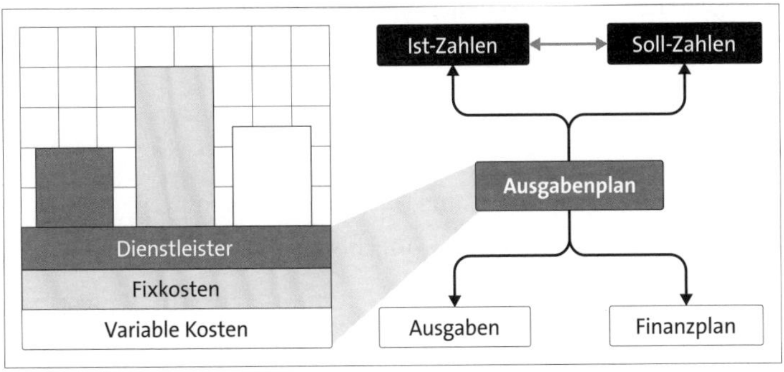

Abbildung 3.4 Ausgabenplan

Tipps und Tricks

- Seien Sie sich über den genauen Zeitpunkt der Kosten bewusst (z. B. Anfang/Ende des Monats).
- Rechnen Sie das Budget nicht stupide auf die Projektlaufzeit herunter, sondern beachten Sie die verschiedenen Projektphasen.
- Haben Sie immer einen Risikopuffer in der Hinterhand, um auf Änderungen und Probleme reagieren zu können.

- Bewerten und suchen Sie Möglichkeiten, um Kosten einzusparen.
- Verfolgen und überwachen Sie durchgehend alle Ausgaben.
- Legen Sie die Budgets samt klarer Grenzen für verschiedene Ausgabekategorien fest.

3.1.4 Mittelabflussplan

Vereinfacht gesagt, ist der *Mittelabflussplan (MAP)* die granularere Version des Ausgabenplans. In ihm verbinden Sie die identifizierten Aufgaben und Ausgaben und setzen sie in einen eindeutigen Zeit- und Kostenrahmen, um aufzuschlüsseln, wie viel Kapazitäten und somit auch Budget in welcher Kalenderwoche (KW) abfließen.

Ähnlich einem Projektverlaufsplan benötigen Sie hierfür zunächst:

- den zeitlichen Ablauf des Projekts in Form von Meilensteinen
- alle den Meilensteinen zugewiesenen Aufgaben
- alle am Projekt beteiligte Personen

Danach geht es darum:

- die Aufgaben in Teilprojekte und Unteraufgaben herunterzubrechen
- die Zuständigkeiten und Verantwortlichkeiten jeder Aufgabe und Unteraufgabe zuzuweisen
- die Abfolge und Fälligkeitstermine jeder Aufgabe zu definieren

Wenn Sie Ihren Aufgabenplan und Ihre Roadmap als Grundlage nutzen, fällt Ihnen wahrscheinlich auf, dass Sie über alle benötigten Informationen bereits verfügen sollten. In Kombination mit Ihrem Ausgabenplan können Sie die nun benötigten Kapazitäten pro Aufgabe und deren so entstehende Kosten am Projektzeitplan ausrichten und den Mittelabflussplan für das Gesamtprojekt sowie jedes Teilprojekt erstellen. Er sollte Folgendes enthalten:

- das gesamte Projektbudget bzw. die maximale Kapazität
- die Aufgliederung der Kosten/Kapazitäten in Teilprojekte entsprechend der zeitlichen Planung

- die Zuweisung der Kosten/Kapazitäten, die für jede Unteraufgabe der Teilprojekte aufgewendet werden müssen
- die Anfangs- und Endtermine der einzelnen Kosten/Kapazitätsaufwendungen

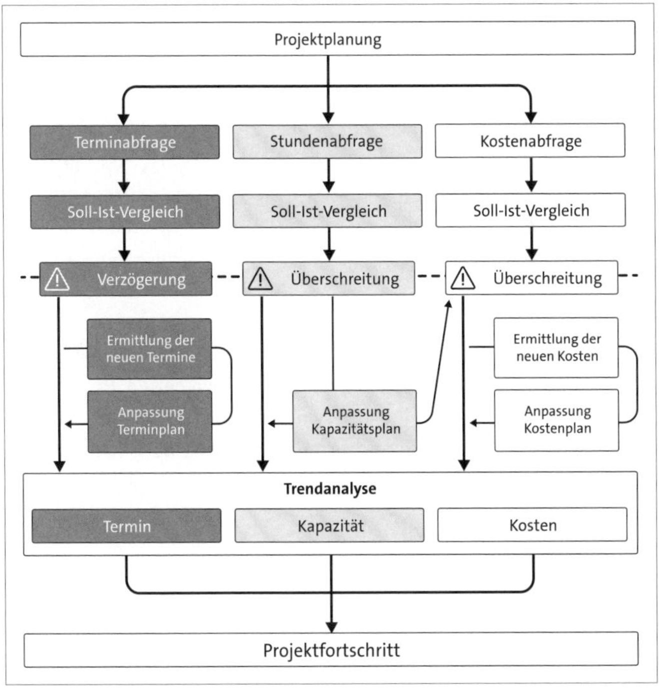

Abbildung 3.5 Mittelabflussplan

Der Mittelabflussplan sollte Ihnen so detailliert wie möglich und über den gesamten Projektlebenszyklus aufzeigen, wie viele Kapazitäten – bei Projekten in der Regel hauptsächlich *Personentage (PT)* – in Summe als Basis bereitstehen, bereits abgerechnet und noch verfügbar sind. Durch regelmäßige Kontrollen und Überwachung der Mittelabflüsse können Sie auf diese Weise einen Überblick darüber erlangen, was passiert, wenn Sie in einer bestimmten Phase die Kapazitäten einer Kostenposition z. B. aufgrund unvorhergesehener Ereignisse erhöhen. Denn ohne eingeplante

Sondertöpfe hat dies direkte Auswirkungen auf die noch zur Verfügung stehenden Mittel.

Tipps und Tricks

- Identifizieren Sie alle für das gesamte Projekt benötigten Ressourcen.
- Bilden Sie die eingeplanten Ressourcen in der Mittelabflussplanung (MAP) ab.
- Setzen Sie klare Meilensteine als Kontrollpunkte, um den Abfluss besser zu kontrollieren und Ressourcenbedarfe zu identifizieren.
- Stellen Sie Ihre Planung und Anpassungen allen Projektbeteiligten zur Verfügung, sodass alle über den Abfluss informiert sind.

3.1.5 Kostenkontrolle

Die effektive Kostenkontrolle soll sicherstellen, dass das Projektbudget und der Projektumfang eingehalten und die zugewiesenen Ressourcen effizient genutzt werden. Mit ihr überwachen und verwalten Sie die gesamten Projektaufwendungen und erhalten einen Überblick über die einzelnen Teilbereiche, um Abweichungen zu verorten und Änderungsmaßnahmen einzuleiten.

Die Kostenkontrolle sollte Ihnen hierbei grundsätzlich Folgendes ermöglichen:

- regelmäßige Überwachung des tatsächlichen Kostenverlaufs im Abgleich mit dem veranschlagten Budget, um Abweichungen frühestmöglich zu erkennen und Korrekturmaßnahmen einzuleiten
- Erfassung aller Aufgaben und entsprechender Kostenpositionen zur Nachverfolgung
- Verwalten von Änderungen, die sich auf den Projektumfang und das Budget auswirken
- Erstellen von Prognosen über zukünftige Kosten auf Grundlage der bisherigen Aufwendungen zur frühzeitigen Identifikation potenzieller Budgetüberschreitungen
- Abgleichen des veranschlagten Zeitplans mit dem tatsächlichen (Teil-) Fortschritt

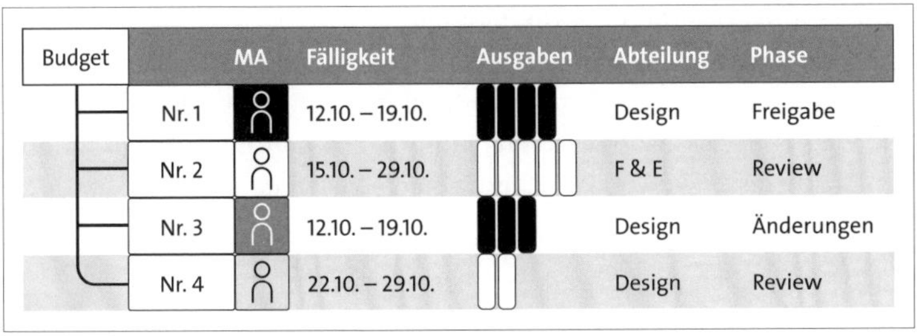

Abbildung 3.6 Kostenkontrolle

Die für die Kostenkontrolle benötigten Informationen ziehen Sie sich dabei aus dem Ausgabenplan, dem geplanten Projektverlauf und den Mittelabflussplänen, sodass Sie jegliche Aufwendungen hinsichtlich ihrer Phasen, Fälligkeiten und Gewichtung inkludieren können. Am besten nutzen Sie hierfür ein Tool, das Ihnen alles gesamtheitlich in Form eines Dashboards auf einen Blick zusammenfasst und automatisch Abweichungen hervorhebt. Siehe Abschnitt 3.5, »Tools, die Ihnen die Arbeit erleichtern«.

Falls Sie also z. B. in einem MAP Anpassungen vornehmen und ein Teilbereich im wahrsten Sinne in den roten Bereich läuft, sollte dies im Optimalfall mit Hilfe eines *Ampelsystems* visualisiert werden, damit Sie direkt erkennen können, welche Auswirkungen dies sowohl auf die einzelne Kostenstelle als auch auf das Gesamtprojekt hat.

Tipps und Tricks

- Erstellen Sie Budgets und legen Sie Kostenkategorien fest.
- Überprüfen Sie die Kosten regelmäßig und identifizieren Sie Einsparungsmöglichkeiten oder Stellschrauben zur Effizienzsteigerung.
- Sorgen Sie für Kostentransparenz.
- Nutzen Sie ein Ampelsystem, um Veränderungen direkt zu visualisieren und einfacher zu erkennen.

3.1.6 Agile Requirements Engineering

Agile Requirements Engineering ist ein Ansatz im Projektmanagement, der sich darauf konzentriert, Anforderungen auf flexible und kollaborative Weise zu erfassen, zu verwalten und anzupassen, um den sich ändernden Bedürfnissen von Stakeholdern gerecht zu werden.

Die Grundsätze des Agile Requirements Engineering beziehen sich dabei auf die Prinzipien des Agilen Manifests und lauten:

1. **Wertorientierung (Value-orientation):**

   Anforderungen sind Mittel zum Zweck, kein Selbstzweck.

   - Der Fokus liegt auf der Wertschöpfung, wobei sich der Wert einer Anforderung durch den Nutzen abzüglich der für die Ermittlung, Dokumentation, Validierung und Verwaltung entstehenden Kosten ergibt.
   - Der Nutzen einer Anforderung bestimmt sich dadurch, inwieweit sie den Wünschen und Bedürfnissen der Stakeholder entspricht und das Risiko von Fehlentwicklungen samt deren Folgekosten reduziert.

2. **Stakeholder:**

   Anforderungen sind zur Erfüllung der Bedürfnisse und Wünsche der Stakeholder da.

   - Alle Personen und Organisationen, die von den Aktivitäten eines Unternehmens oder Vorhabens direkt oder indirekt betroffen sind bzw. ein Interesse an den Aktivitäten haben, müssen eingebunden werden.
   - Stakeholder können hierbei unterschiedliche Rollen oder mehrere Rollen gleichzeitig haben.
   - Für unbekannte Personen, zukünftige Nutzer oder Stakeholder-Rollen mit mehreren Personen können sogenannte *Personas* erschaffen werden, welche die Anwendergruppe repräsentieren und mit einer fiktiven, archetypischen Beschreibung einhergehen.
   - Durch Personas können Annahmen besser getroffen und die Bedürfnisse, Einstellungen und Handlungen potenzieller Nutzer besser verstanden werden.

3. **Gemeinsames Verständnis (Shared Understanding):**

   Ohne gemeinsame Basis ist eine erfolgreiche Entwicklung nicht möglich.

   - Ein *gemeinsames Verständnis* zwischen allen Beteiligten (Stakeholdern, Requirements Engineers und Entwicklern) ist unerlässlich.
   - Hierbei wird in *explizites Verständnis*, das durch dokumentierte und vereinbarte Anforderungen erreicht wird, und *implizites Verständnis*, das auf gemeinsamem Wissen (z. B. über Bedürfnisse, Kontext und die Vision) beruht, unterschieden.
   - Die Voraussetzungen für ein gemeinsames Verständnis bilden Faktoren wie Fachkenntnisse, bisherige Zusammenarbeit, Teamgröße und -verteilung sowie Kultur und Werte, wohingegen Hindernisse z. B. durch Fluktuation oder geografische Distanz entstehen.
   - Zur Verbesserung des gemeinsamen Verständnisses dienen Glossare, Prototypen, Referenzsysteme oder kurze Feedbackzyklen.

4. **Kontext:**

   Systeme können nicht isoliert verstanden werden.

   - Der *Systemkontext* muss verstanden und bestimmt werden, da er die Interaktion eines Systems mit seiner Umgebung beschreibt und somit für die Definition der Anforderungen relevant ist.
   - Die Definition des Systems samt seiner Grenze sowie der relevanten und irrelevanten Systemumgebung ist wichtig, da sich die Systemgrenzen verschieben können.
   - Die Systemgrenze legt den Umfang fest und muss einen gewissen Gestaltungsspielraum haben, da sich Änderungen im Kontext auch auf die Systemanforderungen auswirken.

5. **Problem – Anforderung – Lösung (Problem – Requirement – Solution):**

   Ein unausweichlich ineinandergreifendes Triple.

   - Probleme, Anforderungen und Lösungen sind eng miteinander verknüpft und existieren nicht in Isolation.
   - Gibt es kein klassisches Szenario (von einem Stakeholder-Problem werden Anforderungen abgeleitet, worauf eine Lösung entwickelt wird) und somit keine konkreten Anforderungen, müssen Lösungsideen für Nutzerbedürfnisse experimentell entstehen.

- Requirements Engineers sollten daher Probleme, Anforderungen und Lösungen beim Denken, Kommunizieren und Dokumentieren möglichst weit voneinander trennen, um die Anforderungsermittlung, -dokumentation, -validierung und -verwaltung zu vereinfachen.

6. **Validierung:**

   Nicht validierte Anforderungen sind nutzlos.

   - Zur Kontrolle der Stakeholder-Bedürfnisse und um das Risiko unzufriedener Stakeholder zu verringern, müssen Anforderungen validiert werden, da sie ansonsten keinen Nutzen haben.
   - Es muss geprüft werden, ob die Wünsche und Bedürfnisse der Stakeholder durch die Anforderungen ausreichend abgedeckt werden, ob der Kontextrahmen angemessen ist und ob Einigkeit über die Anforderungen besteht.
   - Hierfür können u. a. Reviews, Retrospektiven oder Testentwicklungen (z. B. in Form eines Prototyps) genutzt werden.

7. **Evolution:**

   Veränderte Anforderungen sind kein Zufall, sondern der Normalfall.

   - Anforderungen und Systeme sind nicht in Stein gemeißelt, sondern verändern sich laufend.
   - Veränderungen entstehen z. B. durch geänderte Geschäftsprozesse oder Technologien, Meinungsänderungen und Feedback der Kunden, Anwender oder Stakeholder, durch neue Produkte oder Services der Wettbewerber sowie durch Gesetzesänderungen oder schlicht durch Fehler, die während der Validierung entdeckt wurden.
   - Für Requirement Engineers gilt es deshalb zwei widersprüchlich wirkende Ziele zu verfolgen: sinnvolle Änderungen zuzulassen und gleichzeitig die Anforderungen stabil zu halten.

8. **Innovation:**

   Mehr vom Gleichen ist nicht genug.

   - Im Requirements Engineering sollte immer nach nützlichen neuen Funktionen und einer optimalen Nutzererfahrung gestrebt werden, damit die Stakeholder nicht nur zufrieden, sondern begeistert sind.

- Nach dem *Kano-Modell* sollte so auch der Zusammenhang zwischen Kundenzufriedenheit und der Erfüllung von Kundenanforderungen verstanden und nach einer Über-Erfüllung durch Begeisterungsmerkmale gestrebt werden.
- Methoden z. B. aus dem *Design Thinking* bieten sich hierbei an, um disruptive Ideen und innovative Lösungen zu gestalten.

9. **Systematisches und diszipliniertes Arbeiten (Systematic and disciplined work):**

   Ohne geht es im Requirements Engineering nicht.

   - Im Requirements Engineering gibt es nicht den einen richtigen Prozess oder die eine richtige Vorgehensweise, die immer funktioniert.
   - Die Vorgehensweise und die Prozesse müssen stets der Situation entsprechend und somit an das jeweilige Problem, den Kontext und das Arbeitsumfeld angepasst werden.
   - Es gilt nicht immer nur dieselben Prozesse und Vorgehensweisen anzuwenden, sondern jede Aktivität kontinuierlich zu reflektieren und zu challengen.

Wie bei der *Menschenzentrierten Gestaltung (Human-Centred Design)* geht es daher in erster Linie darum, die Anforderungen tatsächlich zu kennen und ein gemeinsames Verständnis des Nutzungskontexts und der *Nutzenqualifizierung* zu etablieren. Dies bedeutet vor allem auch Usability und somit Gebrauchstauglichkeit. Erst wenn Sie den Kontext kennen und davon die Anforderungen ableiten, können Sie auch eine Lösung entwickeln – unabhängig davon, ob die Person bzw. der Nutzer überhaupt nach dieser Lösung gefragt hat.

Wenn Sie einem Nutzer, der ein Loch graben muss, einen Teelöffel in die Hand geben, wird er sein Ziel irgendwann erreichen. Sonderlich effektiv, effizient und zufriedenstellend wird dies für den Nutzer aber bestimmt nicht sein. Der Löffel funktioniert also nicht als Lösung, worauf Sie im Sinne der iterativen Entwicklung wieder einen Schritt zurückgehen, um die Nutzeranforderungen zu prüfen und nachzuschärfen.

Im nächsten Iterations-Sprint kommt so z. B. eine Schaufel als Lösung heraus, die den Nutzer schneller und mit weniger Rückenschmerzen graben lässt. Das Gelbe vom Ei wird dies aber weiterhin nicht darstellen. Und so gehen Sie wieder in Ihren *Drei-Phasen-Prozess* aus Analyse, Design bzw. dem Erarbeiten der Lösung und schlussendlich der Evaluation samt Testung. So lange, bis Sie das Produkt haben, das zum Kontext passt und der Nutzergruppe zur Erreichung des Ziels einen wirklichen Mehrwert bietet – im Falle des Loch grabenden Nutzers wahrscheinlich ein Bagger.

Im agilen Kontext eignen sich daher insbesondere Entwicklungsmethoden wie Scrum und Kanban, bei denen die Anforderungserfassung und -verwaltung iterativ und inkrementell erfolgt. Dies ermöglicht Ihren Teams eine klare Ausrichtung auf die Bedürfnisse der Stakeholder und flexibles Reagieren auf Veränderungen. Siehe Abschnitt 3.4.6, »Agiles Arbeiten mit Scrum und/oder Kanban«.

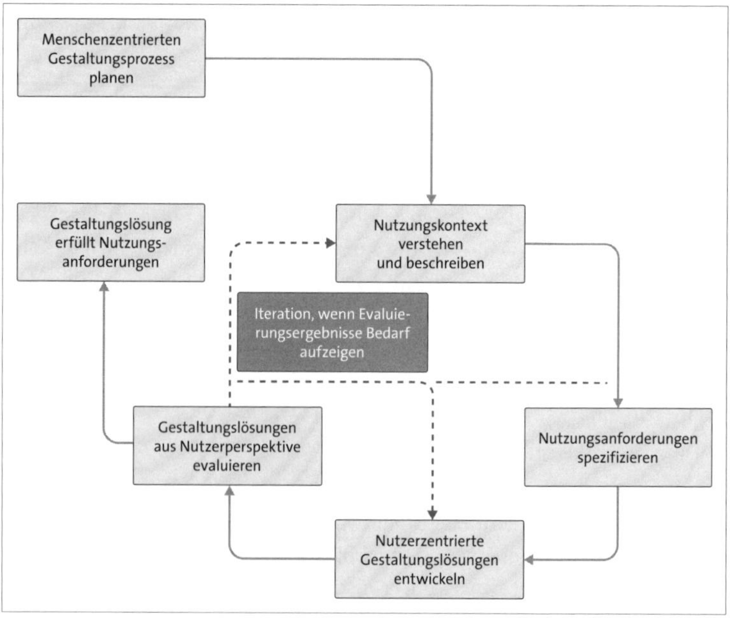

Abbildung 3.7 Menschenzentrierter Gestaltungsprozess

Der Fokus im Agilen liegt hierbei auf:

- **Kollaboration und Kommunikation**: Sorgen Sie für die notwendige Zusammenarbeit, um den kontinuierlichen Austausch von Informationen zwischen den Teammitgliedern, den Stakeholdern und Ihnen selbst zu fördern.
- **Flexibilität und Anpassungsfähigkeit**: Planen Sie ein, Ihre Anforderungen während des Projekts anzupassen, um auf sich ändernde Bedürfnisse und Prioritäten reagieren zu können.
- **Inkrementelle Entwicklung**: Erfassen Sie Anforderungen in kleinen, handhabbaren Teilen und priorisieren Sie die wichtigsten Funktionen zuerst.
- **Rückmeldung und Iteration**: Holen Sie kontinuierlich Feedback von Teammitgliedern und Stakeholdern ein, um sich zu vergewissern, dass die Anforderungen auch den Erwartungen entsprechen.
- **Visualisierung**: Nutzen Sie visuelle Tools wie User Stories, Kanban Boards und *Story Maps*, um Anforderungen transparent darzustellen und verständlich zu machen.
- **Kontinuierliche Verbesserung**: Halten Sie regelmäßige Retrospektiven ab, um den Anforderungsprozess zu überprüfen und zu optimieren.

Damit Sie Anforderungen wirklich iterativ und flexibel erheben können, haben sich im Agile Requirements Engineering folgende Praktiken bewährt:

- **User Stories**: Formulieren Sie die Anforderungen in Form von kurzen, einfach verständlichen User Stories, die die Funktionalität aus der Perspektive des Endnutzers beschreiben.
- **Backlog-Management**: Legen Sie ein Product Backlog an und verwalten Sie diesen, indem darin alle Anforderungen nach dem Wert priorisiert werden, den sie für den Nutzer und das Projekt haben.
- **Story Mapping**: Nutzen Sie Story Maps, um einen visuellen Überblick über den Funktionsumfang des Produkts inklusive aller Abhängigkeiten zu erhalten.

- **Akzeptanzkriterien**: Für jede User Story sollten klare *Akzeptanzkriterien* definiert werden, sodass die Umsetzung auch den Erwartungen entspricht.
- **Continuous Integration and Deployment (CI/CD)**: Implementieren Sie *CI/CD-Methoden* zur Automatisierung der Entwicklung, damit Anforderungen schnell umgesetzt und getestet werden können.
- **Prototyping und Minimum Viable Product (MVP)**: Erstellen Sie Prototypen oder MVPs, um bestimmte Aspekte der Anforderungen zu validieren und frühzeitig Feedback zu erhalten.
- **Refinement-Sessions**: Führen Sie regelmäßige *Refinement-Sessions* mit Ihrem Team und den Stakeholdern durch, um User Stories zu prüfen und zu verfeinern.
- **Definition of Done (DoD)**: Klare Kriterien für die Fertigstellung von Anforderungen helfen, ein gemeinsames Verständnis darüber zu schaffen, wann eine Anforderung tatsächlich als erfüllt und somit nach der *Definition of Done (DoD)* betrachtet wird.
- **Risikobasiertes Testen**: Priorisieren Sie kritische Teile einer Anforderung, um diese zuerst zu testen und potenzielle Fehler aufzudecken.

Tipps und Tricks

- Setzen Sie den Benutzer als zentrales Element im Prozess ein, um sicherzustellen, dass alles den Bedürfnissen und Erwartungen der Zielgruppe entspricht.
- Integrieren Sie bereits in frühen Projektphasen Feedbackschleifen von Nutzern.
- Arbeiten Sie iterativ, um kontinuierlich Nutzerfeedback einarbeiten zu können.
- Binden Sie ein multidisziplinäres Team verschiedener Fachbereiche in die Zusammenarbeit ein.

3.2 Auftraggeber- und Stakeholdermanagement

Das Auftraggeber- und Stakeholdermanagement trägt wesentlich zum Erfolg Ihres Projekts bei, indem es sicherstellt, dass alle beteiligten Personen und Stakeholder aktiv eingebunden und ihre Interessen, Erwartungen und Bedürfnisse verstanden werden.

Wir zeigen Ihnen, wie Sie für die gemeinsame Reise einen strategischen Fahrplan entwickeln, die Entscheidungsfindung verbessern und den Überblick über den gesamten Lebenszyklus Ihres Projekts bewahren.

[«]

Was Sie hier erwartet

- **3.2.1 Roadmap**

  Ein strategischer Fahrplan zur nachhaltigen Ausrichtung und Umsetzung eines Projekts – hierbei mit dem Fokus auf die Gestaltung einer optimalen Nutzererfahrung.

- **3.2.2 Projektcontrolling und -dokumentation**

  Die systematische Überwachung, Steuerung, Überprüfung und Dokumentation eines Projekts hilft dabei, Fehlentwicklungen frühzeitig zu identifizieren und Compliance-Anforderungen gerecht zu werden.

- **3.2.3 Management Reports**

  Management Reports dienen dazu, den Projektstatus, die Erreichung der Ziele, den Ressourcenverbrauch, den Zeitplan sowie zusätzliche projektspezifische Aspekte in eine übersichtliche Form zu bringen.

- **3.2.4 Kosten-Nutzen-Analyse**

  Durch eine Kosten-Nutzen-Analyse werden zur besseren Entscheidungsfindung Maßnahmen nach ihrer Wirtschaftlichkeit und ihrem Impact bewertet.

- **3.2.5 Risikoanalyse**

  Die Risikoanalyse dient der Identifizierung, Bewertung und Priorisierung potenzieller Risiken, die den Projekterfolg gefährden können.

3.2.1 Roadmap

Ein strategischer Fahrplan ist unabdingbar, wenn Sie digitale Projekte nachhaltig ausrichten und deren Umsetzung mit einer gemeinsamen Vision verschmelzen lassen wollen. Die Basis hierfür bildet Ihre Roadmap, die als leicht verständliche Übersicht die wichtigsten Aufgaben und Meilensteine in Form einer Straßenkarte auflistet und visualisiert. Mit ihr stellen Sie von Anfang an die Weichen auf Ihre Ziele und haben gleichzeitig ein wirkungsmächtiges Kommunikationswerkzeug zur Hand, mit dem alle Beteiligten auf die vor ihnen liegenden Aufgaben hinsichtlich der Zielerfüllung eingeschworen und auf dem Laufenden gehalten werden. Die Roadmap ist dabei keine in Stein gemeißelte Wegbeschreibung mit unumstößlicher Zeitplanung, sondern kann und muss angepasst werden, wenn sich Abhängigkeiten verschieben, Fristen verlängert werden müssen oder Aufgaben hinzukommen.

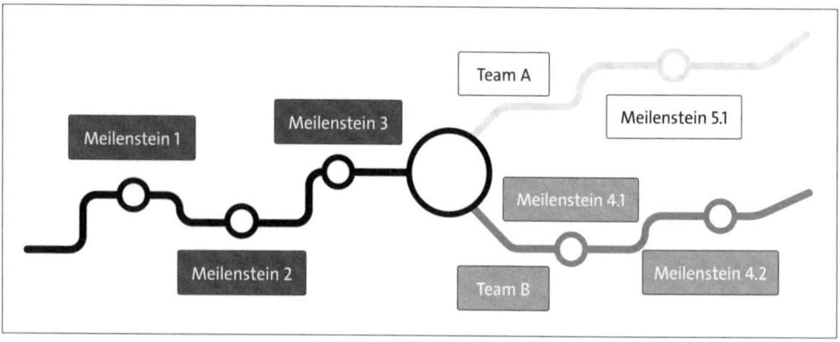

Abbildung 3.8 Meilensteine

Roadmaps können in ihren vielfältigen Variationen bei jeglicher Projektart ihren Mehrwert leisten. Da wir aber leider noch immer viel zu häufig sehen, dass eine optimale Nutzererfahrung nur eine untergeordnete Rolle in Projektvorhaben spielt – obgleich sie für uns zu einem der wichtigsten Themenkomplexe gehört –, wollen wir im Folgenden einen Blick auf die Roadmaps legen, die Ihnen bei der nutzerzentrierten Entwicklung digitaler Produkte und Services helfen können. Denn auch wir wissen nur allzu gut, dass sich bei vielen Projekten die Planung schnell im Technischen verliert und aus dem Blick gerät, was die Nutzer von den Produkten erwarten und ob sie einen tatsächlichen Mehrwert liefern.

Spezielle Roadmap-Arten, die Ihnen bei der Implementierung von User Experience (UX) helfen

Eine *User-Experience-Roadmap* kann die Implementierung von UX im Unternehmen vorantreiben und helfen, Lösungsansätze im Hinblick auf das Nutzererlebnis frühzeitig zu identifizieren und in die Umsetzung mit einzubeziehen. Auf diese Weise werden Teammitglieder wie auch Stakeholder gleichermaßen auf eine gemeinsame Vision geeicht, bei der ihnen der stetige Fortschritt bezüglich der Zielerreichung von Beginn an aufgezeigt wird.

Je nachdem, worauf sich die UX-Arbeit bezieht, eignet sich hierfür einer der folgenden Roadmap-Typen:

Product Roadmap: Während es in der Projekt-Roadmap hauptsächlich um das Darstellen eines strategischen Plans, der die wichtigsten Ziele in einen Zeitkontext setzt, und die zu kommunizierende Vision geht, können Sie mit Hilfe einer *Product Roadmap* zudem den Fokus direkt auf das Produkt lenken und somit auf das dahinterstehende *Warum*. In ihr lassen sich technische Überlegungen und Funktionserweiterungen einschließen, welche die angepeilte Entwicklung und Optimierung eines Produkts innerhalb eines bestimmten Zeitraums vermitteln soll.

Die Roadmap umfasst hierbei jegliche produktbezogenen Herausforderungen und Berührungspunkte (*Touchpoints*). Sie bedarf daher einer abteilungsübergreifenden Zusammenarbeit, wodurch unternehmensübergreifend interdisziplinäre Synergien zwischen Design, Entwicklung, Marketing, Vertrieb und Management sowie ein gemeinsames Verständnis für den gesamten Entwicklungszyklus geschaffen werden sollen. Somit ist die Product Roadmap nicht nur ein Kommunikations-, sondern auch ein tiefergehendes Koordinationsinstrument, mit dem sich die Projektbeteiligten abstimmen und mit dem sie ihre Konzentration auf die zu erreichenden Ziele und definierten Prioritäten legen können.

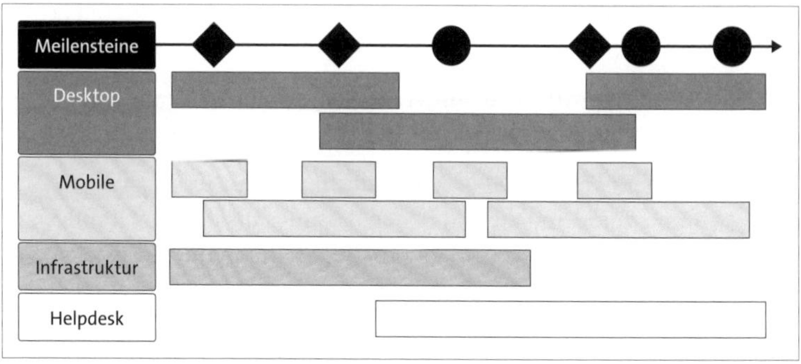

Abbildung 3.9 Product Roadmap

Die Roadmap gibt sowohl einen Überblick über die Produktziele, die Rollenverteilung und mögliche innerhalb der Entwicklung auftretende Probleme als auch über die Reihenfolge der verschiedenen Maßnahmen mitsamt Umsetzungsfristen. Die involvierten UX-Teams und -Leads helfen dabei, die Strategie auf die Kundenbedürfnisse auszurichten und die Übereinstimmung von UX-Zielen mit den Marktanforderungen konstant zu bewerten.

Field Roadmap: Eine *Field Roadmap* gibt einen Überblick über alle zukünftigen UX-nahen Themen wie *User Research*, Informationsarchitektur, UX-Design und -Suche sowie deren Zielerreichung. Jeglicher Aspekt der Benutzererfahrung und somit auch alle UX-Disziplinen samt Designphasen (Research, Design, Wireframing, Prototyping etc.) werden hierbei inkludiert und in ihr vereint, sodass eine ganzheitliche Sicht auf das UX-Gesamterlebnis entstehen kann.

Als Kommunikationstool hilft die Roadmap nicht nur dabei, alle Stakeholder und Teammitglieder unter einer gemeinsamen UX-Vision zu vereinen und eine klare Rollenaufteilung abzustecken, sondern auch fachfremde Interessengruppen über den nutzerzentrierten Ansatz aufzuklären und im Optimalfall an Bord zu holen. Das Priorisieren der einzelnen Projektteile und die frühzeitige Identifikation möglicher Probleme gleicht zwar einer typischen Roadmap, im Gegensatz zur Product Roadmap ist die Field Roadmap jedoch nicht auf ein einzelnes Produkt beschränkt.

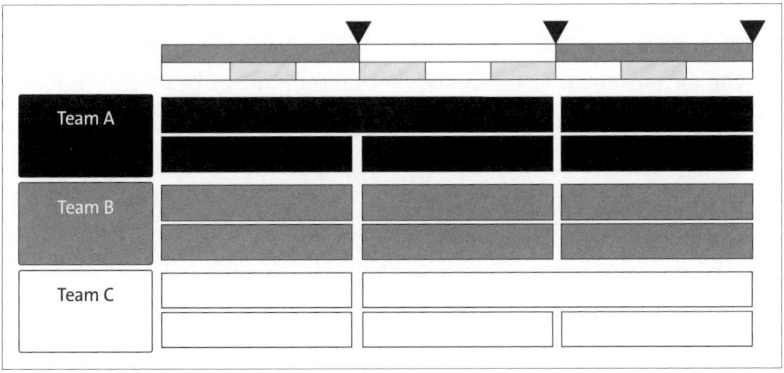

Abbildung 3.10 Field Roadmap

Specialty Roadmap: Wie der Name bereits andeutet, handelt es sich hierbei um eine Roadmap, die sich um ein Spezialgebiet dreht. Sie kann als Teilmenge der Field Roadmap verstanden werden, da sich in ihr der Fokus auf einen bestimmten UX-Bereich wie Research oder Design konzentriert. Sie kann ebenfalls mehrere Produkte umspannen und ist ideal, um den Wissensaustausch innerhalb eines der Teams sowie deren Fachgebietsausrichtung zu fördern.

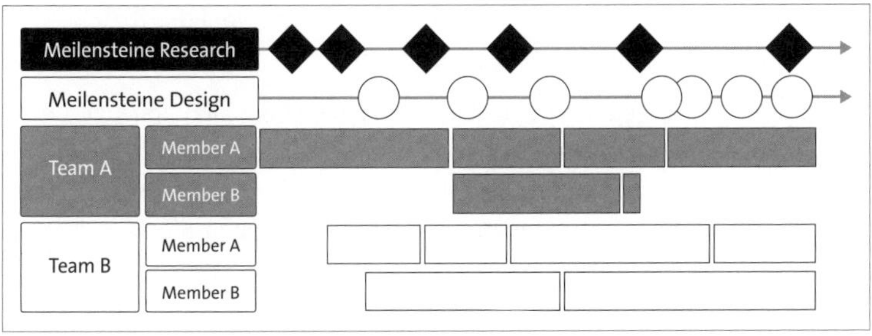

Abbildung 3.11 Specialty Roadmap

Ziel der *Specialty Roadmap* ist es, die zukünftigen Probleme rund um die Strategieumsetzung aufzuzeigen und die damit einhergehenden Aufgaben zu verorten. Die Skizzierung umfasst dabei u. a. die angemessene Ressourcenzuweisung und Arbeitslastverteilung sowie Zeitpläne hinsichtlich der zu erreichenden Meilensteine. Aufgrund ihrer Ausrichtung auf eine spezifische Disziplin lässt sich solch eine Roadmap üblicherweise einfacher erstellen und erlaubt einen klaren Überblick über die Themenfelder, welche die einzelnen Teammitglieder in ihrer Rolle zu bearbeiten haben.

Tipps und Tricks

- Sorgen Sie für eine klare Vision und Ziele, welche die langfristigen unternehmerischen Ziele nicht außer Acht lassen.
- Priorisieren Sie die Meilensteine korrekt (z. B. nach Aufwand/Nutzen).
- Challengen Sie die Roadmap regelmäßig – sie ist nicht in Stein gemeißelt.

3.2.2 Projektcontrolling und -dokumentation

Projektcontrolling bezieht sich auf die systematische Überwachung, Steuerung und Überprüfung von Projekten und soll dabei helfen, mögliche Fehlentwicklungen innerhalb eines Projekts frühzeitig zu identifizieren. Hierzu vergleichen Sie kontinuierlich und in erster Linie die *Soll-Vorgaben* mit den tatsächlichen *Ist-Werten*, um sicherzustellen, dass Abweichungen adressiert werden und keine Auswirkungen auf die geplanten Ziele, Zeitpläne, Budgets und Qualitätsstandards haben.

Sie sollten hierbei jedoch nicht den Fehler begehen, sich erst nach dem Projektstart mit den einzusetzenden Kontrollmechanismen zu beschäftigen, da sonst das Kind wahrscheinlich schon in den Brunnen gefallen ist und Gegenmaßnahmen nicht mehr greifen. Überlegen Sie sich deshalb bereits in der Planungsphase, welche Projektdaten und Informationen den Projektzustand so darstellen können, dass direkt Rückschlüsse auf den Fortschritt und hinsichtlich messbarer Planungsabweichungen gezogen werden können.

Die grundlegenden Aufgaben im Projektcontrolling sind:

- **Projektziele überwachen**:
  - Stellen Sie sicher, dass die Projektziele im Projektauftrag verankert sowie klar definiert und verstanden sind.

- Verfolgen Sie regelmäßig den Fortschritt gegenüber den Projektzielen und deren Erreichbarkeit.

- **Budget kontrollieren**:
  - Überwachen Sie die fortlaufende Kostenentwicklung im Vergleich zum Projektbudget.
  - Setzen Sie Kontrollmaßnahmen ein, um Budgetüberschreitungen aufzudecken und Ihren Budgetplan bei Bedarf anzupassen.
- **Zeit managen**:
  - Kontrollieren Sie, ob Meilensteine dem Zeitplan entsprechend erreicht und Termine eingehalten werden.
  - Identifizieren Sie Verzögerungen und nehmen Sie bei Bedarf Anpassungen vor.
- **Qualität prüfen**:
  - Implementieren Sie regelmäßige Qualitätsprüfungen, um sicherzustellen, dass die Qualitätsanforderungen erfüllt werden.
  - Kontrollieren Sie, ob die festgelegten Qualitätsstandards verankert und eingehalten werden.
- **Risiken identifizieren**:
  - Überwachen Sie identifizierte Risiken und implementieren Sie einzusetzende Maßnahmen zur Risikoreduktion.
  - Halten Sie Ausschau nach Chancen, die sich im Projektverlauf ergeben, und identifizieren Sie sie.
- **Regelmäßig kommunizieren**:
  - Erstatten Sie dem Management und den Stakeholdern regelmäßig Bericht über den Projektstatus.
  - Kommunizieren Sie Fortschritte, Probleme sowie eingesetzte wie auch geplante Maßnahmen.
- **Compliance und Governance einhalten**:
  - Überprüfen Sie, ob das Projekt den geltenden Standards und Vorschriften entspricht.

  - Stellen Sie sicher, dass die *Governance Strukturen* eingehalten werden, effektiv sind und den Projektzielen dienen.
- **Änderungen überwachen**:
  - Überwachen Sie Änderungen am Projektumfang und deren Auswirkungen auf Zeit und Budget.
  - Implementieren Sie Kontrollmechanismen für Projektänderungen.

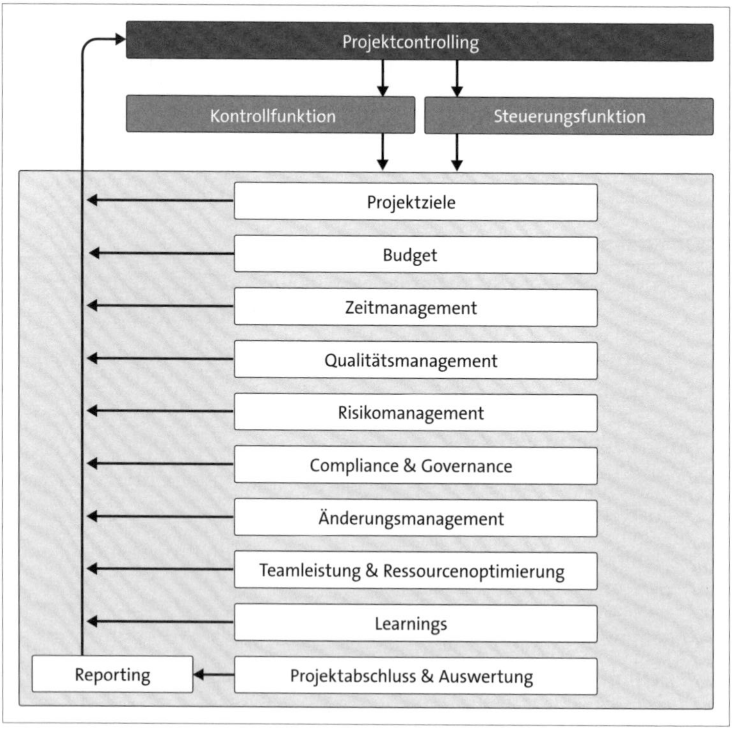

Abbildung 3.12 Projektcontrolling

- **Teamleistung und Ressourcen optimieren**:
  - Kontrollieren Sie die Leistung Ihres Teams und einzelner Ressourcen.

  - Identifizieren Sie Engpässe und vermeiden Sie diese durch das Optimieren der Ressourcenverwendung.

- **Learnings identifizieren**:
  - Halten Sie regelmäßige Rückblicke in Form von Retrospektiven bzw. Reviews ab, um Lessons Learned zu identifizieren.
  - Nutzen Sie die neuen Erkenntnisse, um zukünftige Projekte zu optimieren.

- **Das Projekt abschließen**:
  - Sorgen Sie dafür, dass alle relevanten Abschlussaktivitäten durchgeführt werden.
  - Führen Sie eine abschließende Auswertung durch, um Erfolge, Herausforderungen und Verbesserungsmöglichkeiten zu identifizieren.

Wichtig zu wissen ist hierbei, dass die meisten Abweichungen im Projektumfeld bereits durch eine nicht nachvollziehbare oder unrealistische Zielformulierung entstehen, die direkte Auswirkungen auf die Motivation der Beteiligten hat oder zu unklaren Aufgaben führt. Stellen Sie sich daher immer vor dem Einsatz drastischerer Steuerungsmaßnahmen auch die Frage der Zieldefinition und ob diese tatsächlich von allen verstanden und getragen wird. Ressourcen zu verschieben oder Teams zu reorganisieren ist schön und gut, kann aber nur wirken, wenn realistische Ziele und klare Umfangsgrenzen die Grundpfeiler des Projekts und somit der Zusammenarbeit bilden.

Das Projektcontrolling steht zudem in direktem Zusammenhang mit einer umfassenden *Projektdokumentation*, die alle wesentlichen Aspekte des Projekts abdeckt und ebenfalls *Compliance-Anforderungen* unterliegt. Sie ist gesetzlich vorgeschrieben und kann in die folgenden vier Ebenen untergliedert werden:

1. Das *Projektmanagement-Handbuch* beschreibt den organisatorischen Rahmen und den Projektprozess in einem Unternehmen. In ihm werden alle Vorgaben, Verfahren und Regelungen aufgelistet, die innerhalb einer Organisation für die Planung und Durchführung von Projekten gelten. Es macht Vorgaben für das Projekthandbuch und dient dem Projektmanager.

2. Das *Projekthandbuch* beschreibt den organisatorischen Rahmen für ein bestimmtes Projekt und dessen Beteiligte mitsamt allen Regelungen und Informationen, die hierfür gelten. Es ist für das Projektteam verfasst.
3. Die *Projektmanagement-Dokumentation* enthält alle Projektpläne – vom Projektauftrag über Machbarkeitsstudien bis hin zum Projektverlaufs-, Kosten- und Ressourcenplan sowie Abnahmeprotokolle.
4. Die *Projektergebnisse* sind als Projektabschlussbericht zu verstehen und enthalten alle Aufgaben und die erzielten Ergebnisse des Projekts unter Berücksichtigung aller Aufwände.

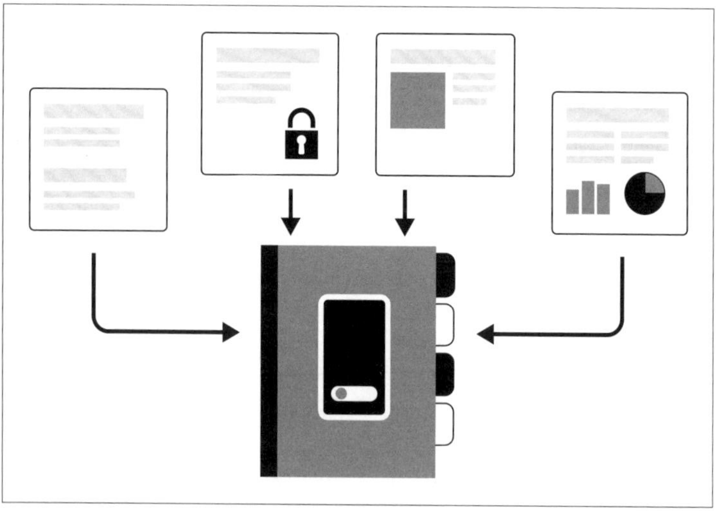

Abbildung 3.13 Projektdokumentation

Tipps und Tricks

- Stellen Sie die Projektdokumentation allen Beteiligten in festen Intervallen zur Verfügung.
- Halten Sie Ihre Dokumentation im Zusammenspiel mit den eingesetzten Controlling-Mechanismen immer aktuell und verständlich.
- Sorgen Sie für Rekonstruierbarkeit und Nachvollziehbarkeit, indem Versionsverläufe gesichert werden und zu jeder Zeit einsehbar sind.

3.2.3 Management Reports

Management Reports dienen dazu, den aktuellen Projektstatus, die Erreichung der Ziele, den Ressourcenverbrauch, den Zeitplan und zusätzliche projektspezifische Aspekte in eine übersichtliche Form zu bringen, damit das Management den Erfolg oder Misserfolg in den verschiedenen Teilbereichen des Projekts bewerten und rechtzeitig Maßnahmen für einen erfolgreichen Projektverlauf ergreifen kann.

Der Report sollte dabei derart gestaltet sein, dass Sie wirklich auf einen Blick erkennen können, wie der Status des Projekts ist und ob Entscheidungen getroffen werden müssen. Vereinfacht gesagt ist er eine grobe Übersicht, unterfüttert mit den wichtigsten Metriken und KPIs, die von allen Verantwortlichen einfach entziffert werden kann und als Informationsquelle sowie als Kontrollmechanismus fungiert.

Um die komplexen Informationen visuell darzustellen und greifbar zu machen, lohnt es sich, Grafiken und Diagramme in Form einer Art Dashboard zu verwenden, sodass das Management schnell einen aktuellen Überblick über Fortschritt und Stand eines Projekts erhält. So kann z. B. der aktuelle Projektstatus sehr gut und leicht verständlich mit einer Ampel visualisiert werden, die direkt aufzeigt, ob Eingriffe notwendig sind oder ob alles nach Plan verläuft.

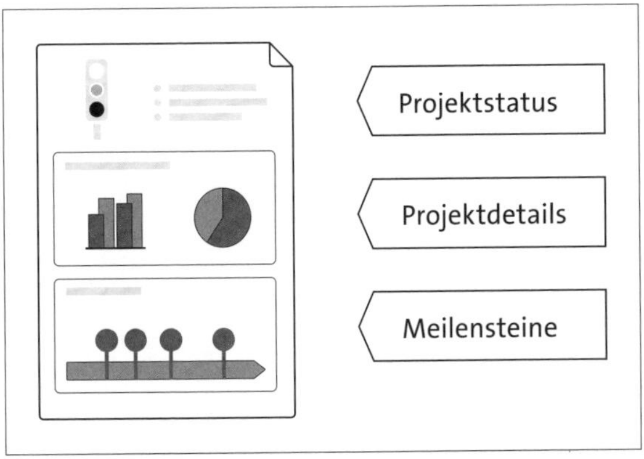

Abbildung 3.14 Management Report

Auch wenn Berichte auf höheren Ebenen im Vergleich zu anderen Reports recht grob daherkommen, sollten folgende Elemente zwingend in einem Management Report enthalten sein:

- **Projektzusammenfassung**: Eine kurze Übersicht über das Projekt, die Ziele, den Umfang und den geplanten Abschlusszeitpunkt.
- **Aktueller Status**: Beschreibung des aktuellen Projektstatus, einschließlich erzielter Meilensteine, laufender Aufgaben und erreichter Fortschritte.
- **Budgetübersicht**: Eine Zusammenfassung der finanziellen Ausgaben des Projekts im Vergleich zum geplanten Budget. Dies kann auch eine Aufschlüsselung der Ausgaben nach verschiedenen Kategorien beinhalten.
- **Zeitplananalyse**: Eine Bewertung des Fortschritts im Vergleich zum Zeitplan. Dies kann Verzögerungen oder Beschleunigungen bei verschiedenen Aufgaben oder Meilensteinen aufzeigen.
- **Next Steps**: Eine kurze Übersicht über die nächsten geplanten und anstehenden Aufgaben.
- **Risiken**: Eine Bewertung der identifizierten Risiken und der ergriffenen Maßnahmen zur Risikominderung.
- **Ressourcenverwaltung**: Informationen über die Auslastung von Ressourcen wie Personal, Technologie und Materialien.

Tipps und Tricks

- Erstellen Sie Management Reports in festen Intervallen (z. B. bei Langzeitprojekten mindestens einmal im Monat).
- Vereinfachen Sie die Visualisierung und Erfassbarkeit mit Hilfe eines Ampelstatus (grün, gelb oder rot), um die wichtigsten Informationen hervorzuheben.
- Fügen Sie zusätzliche Beschreibungsmöglichkeiten ein (2 bis 3 Sätze).
- Sichern Sie für die Nachvollziehbarkeit den Versionsverlauf.

3.2.4 Kosten-Nutzen-Analyse

Die Kosten-Nutzen-Analyse soll Ihnen als Instrument zur Entscheidungsfindung dienen, indem Maßnahmen nach ihrer Wirtschaftlichkeit und ihrem Impact bewertet werden. Ziel ist es, die finanziellen Kosten bzw. Aufwände zu quantifizieren und mit den monetären Vorteilen wie auch dem nicht monetären Nutzen zu vergleichen.

Hierfür müssen Sie zunächst die Rahmenbedingungen bestimmen, die die Grenzen der Analyse festlegen:

- Ermitteln und beschreiben Sie die zu untersuchende Maßnahme.
- Definieren Sie die Problem- und Aufgabenstellung.
- Bestimmen Sie den Zeitrahmen der Maßnahme.
- Gehen Sie auf Chancen und Risiken ein.
- Stellen Sie die Messkriterien auf.

Zudem müssen Sie festlegen, welche Art von Kosten und Nutzen Sie ein- bzw. ausschließen. Für die Kosten sind dies:

- *Direkte Kosten*, die unmittelbar einer Leistung zugordnet werden können (z. B. Arbeitsstunden, Materialien, Ausrüstung).
- *Indirekte Kosten* bzw. laufende Fixkosten, die nicht in direktem Zusammenhang mit der Leistung stehen (z. B. allgemeine Betriebskosten und Standardlizenzen).
- *Immaterielle Kosten*, die schwer zu quantifizieren sind (z. B. Kundenzufriedenheit, Produktivitätsniveau, Markenruf).
- *Kosten potenzieller Risiken*, die nach dem Auftreten unvorhergesehener Ereignisse anfallen können (z. B. Wartungsarbeiten, Ausfallzeiten, Datenverlust).

Als Nutzen unterscheiden wir:

- *Direkte Nutzen*, denen ein konkreter Geldbetrag zugewiesen werden kann (z. B. Einnahmen oder Kosteneinsparungen).
- *Indirekte Nutzen*, denen kein konkreter Geldbetrag zugewiesen werden kann (z. B. Kundenzufriedenheit, Mitarbeitermotivation, Markenwahrnehmung).

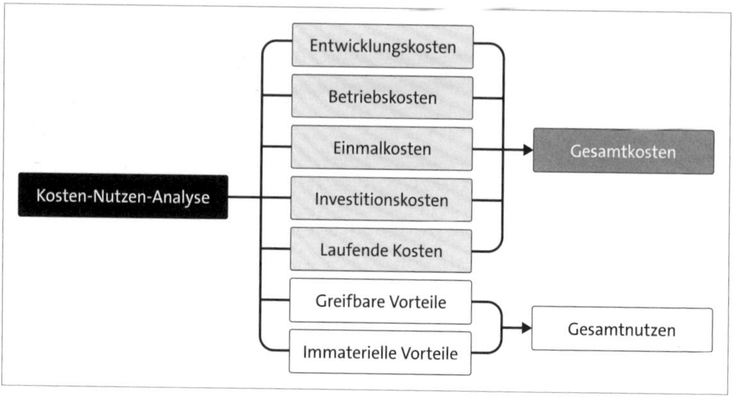

Abbildung 3.15 Kosten-Nutzen-Analyse

Wie Sie die Faktoren bewerten, denen kein konkreter monetärer Beitrag zugewiesen werden kann, hängt in erster Linie von den zur Verfügung stehenden Daten ab und gleicht häufig einer recht subjektiven Beurteilung. Um größtmögliche Objektivität walten zu lassen, sollten Sie bei der Bemessung jedweden Anhaltspunkt bereits abgeschlossener Projekte, Forschungsergebnisse sowie die Meinung relevanter Stakeholder und Experten zurate ziehen.

Beschreiben Sie die immateriellen Kategorien und weisen Sie ihnen messbare Metriken zu, die sowohl für Kosten als auch Nutzen in Form von KPIs wiedergegeben werden. Bei der Visualisierung können Sie diese zur Übersichtlichkeit auch in alternative Bewertungsmethoden, wie etwa Punktvergaben, überführen.

Die Lesart ist hierbei selbsterklärend: Die *Gesamtkosten* umfassen alle Kosten und der *Gesamtnutzen* alle Nutzen. Ziehen Sie die Gesamtkosten vom Gesamtnutzen ab, erhalten Sie Ihren *Nettonutzen*.

- Ist der Nettonutzen positiv, verspricht auch die Maßnahme einen Nutzen, wenngleich evaluiert werden sollte, ob der Nutzen groß genug ist oder ob Anpassungen und Alternativen eine Optimierung versprechen.

- Ist der Nettonutzen negativ, scheint die Maßnahme mehr Kosten denn Nutzen zu versprechen, worauf Sie die größten Kostenpunkte identifizieren und nach Möglichkeiten suchen sollten, diese zu mindern.

Sie können auch zunächst nur alle mit Geldbeträgen versehenen Kosten und Nutzen in die Analyse aufnehmen und den indirekten Nutzen erst im zweiten Schritt inkludieren. Wenn die Analyse der direkten Einflüsse bereits einen positiven, ausgeglichenen oder minimal negativen Nettonutzen ergibt und Sie gleichzeitig noch eine Liste mit Prognosen zu mehreren indirekten Nutzen haben, sollte die Maßnahme auch positive Auswirkungen haben.

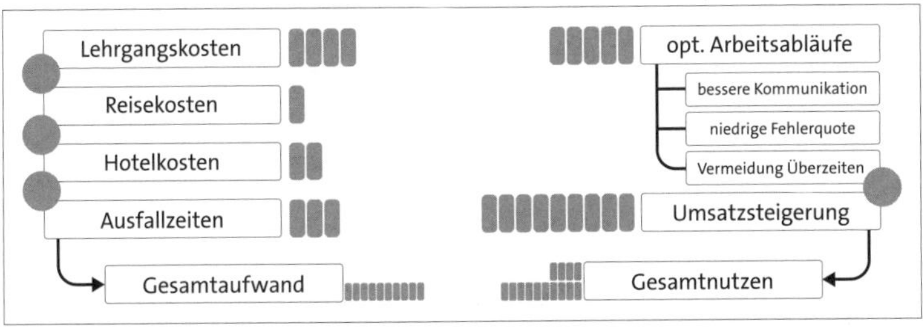

Abbildung 3.16 Punktbewertung

Das Aufstellen einer *Kosten-Nutzen-Matrix* eignet sich zudem zur Bewertung und Priorisierung von Anforderungen – wobei wir hier lieber von einer *Aufwand-Impact-Matrix* sprechen, sodass nicht immer nur von harten Kosten die Rede ist und der Fokus auf den tatsächlichen Nutzen geschärft wird. Analysieren Sie hierzu Ihre Anforderungen wie in der Kosten-Nutzen-Analyse für die Maßnahmen und ordnen Sie ihnen den geschätzten Aufwand und den erwarteten Impact zu.

Dies erlaubt Ihnen zum einen einfach die Low Hanging Fruits – also die Anforderungen, die großen Impact bei wenig Aufwand versprechen – zu identifizieren und zum anderen die Anforderungen herauszufiltern, die viel Aufwand für wenig Impact verlangen und somit keine oder nur geringe Relevanz haben sollten.

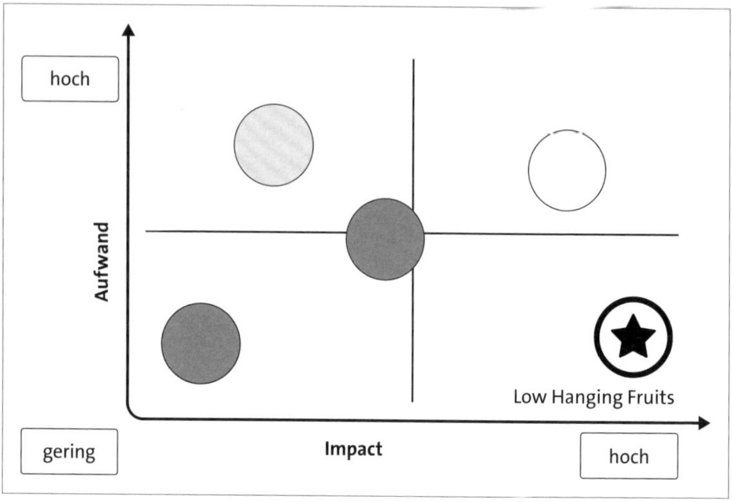

Abbildung 3.17 Aufwand-Impact-Matrix

Tipps und Tricks

- Fokussieren Sie sich nicht immer nur auf Kosten, sondern denken Sie statt in Euro auch mal »in Aufwand«.
- Nutzen Sie die Matrix als Werkzeug, um Sprints zu planen und Anforderungen zu sortieren.
- Identifizieren Sie Low Hanging Fruits und platzieren Sie diese auf Ihrer Roadmap.

3.2.5 Risikoanalyse

Bei der Risikoanalyse stehen Sie vor der Aufgabe, potenzielle Risiken zu identifizieren, zu bewerten und zu priorisieren, die zwischen Ihnen und dem Projekterfolg stehen. Eine Aufgabe, deren Lösung nur seltenst auf der Hand liegt, die es aber anzugehen gilt. Dabei ist es einfach zu sagen, dass man sich am besten nicht in die Abhängigkeit von Drittanbietern begibt (z. B. Dienstleister für Infrastrukturvorhaben oder Anbieter von Software-Lizenzen), denn das ist gerade bei digitalen Projekten nahezu unmöglich.

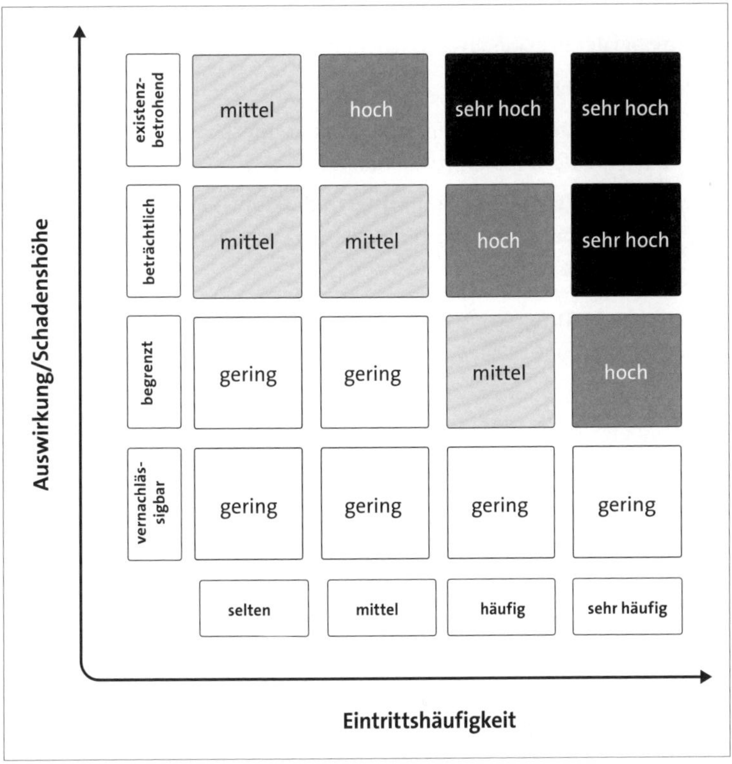

Abbildung 3.18 Risikoanalyse

Nichtsdestotrotz geht es darum, sich vom Start weg gewisser Risiken und Abhängigkeiten bewusst zu sein und Maßnahmenpläne zu entwickeln, die beim Eintreten von Problemen gegenwirken können. Wenn Sie 20 Entwickler in der Projektumsetzung haben, so besteht nun mal ein gewisses Risiko, dass ein Teil davon auch ausfallen kann. Sie sollten im Vorhinein bereits schauen, ob Sie z. B. einen Entwicklungsdienstleister an der Hand haben, der in gewissen Phasen auch skalierfähig ist. Genauso gilt es auch, sich über einen Plan B Gedanken zu machen, falls Systeme ausfallen oder Technologien von Anbietern bezogen werden, die nachweislich bereits in finanzielle Schieflage geraten sind.

Damit Sie diesen Risiken proaktiv entgegentreten, sollten Sie folgende Schritte bei der Risikoanalyse vollziehen:

- **Risiko-Einschätzung**
  - Identifizieren Sie potenzielle Risiken, die sowohl Bedrohung als auch Chance für das Projekt darstellen können.
  - Greifen Sie auf die Erfahrung und Daten vergangener Projekte zurück und holen Sie die Meinung von Projektbeteiligten und Experten ein.
- **Risikobewertung**
  - Bewerten Sie die Auswirkungen und die Wahrscheinlichkeit jedes identifizierten Risikos.
  - Geben Sie den Risiken ein Bedrohungslevel, sodass Sie kritische Risiken von weniger kritischen unterscheiden können.
- **Risikopriorisierung**
  - Priorisieren Sie die Risiken im Hinblick auf ihre potenziellen Auswirkungen auf die Projektziele.
  - Priorisieren Sie sie zudem im Hinblick auf ihre Dringlichkeit, damit klar wird, auf welche kritischen Risiken schnell reagiert werden muss.
- **Gegenmaßnahmen**
  - Entwickeln Sie Strategien und präventive Maßnahmen, um das Auftreten und die Auswirkungen identifizierter Risiken zu verringern.
  - Stellen Sie *Reaktionspläne* und Notfallmaßnahmen auf, die beim Eintreten eines Risikos ergriffen werden sollen.
- **Risikoüberwachung**
  - Überwachen Sie die identifizierten Risiken kontinuierlich und passen Sie deren Eintrittswahrscheinlichkeit an.
  - Halten Sie Ausschau nach neuen Risiken und passen Sie Ihre Priorisierung und Ihren Reaktionsplan dementsprechend an.

- **Dokumentation**
  - Dokumentieren Sie alle identifizierten Risiken und unterfüttern Sie sie mit allen notwendigen Informationen (Bewertung, Reaktionsplan, Status).
  - Sorgen Sie dafür, dass alle Teammitglieder und relevanten Stakeholder über die identifizierten Risiken und entsprechende Reaktionspläne auf dem Laufenden sind und bleiben.
- **Learnings**
  - Richten Sie Feedbackschleifen ein, um die Ergebnisse aus den Reaktionen und Maßnahmen festzuhalten und aus ihnen zu lernen.
  - Dokumentieren Sie Ihre Erkenntnisse im Umgang mit Risiken für zukünftige Projekte.

Tipps und Tricks

- Schieben Sie Risiken nicht vor sich her, sondern seien Sie sich der Herausforderungen und Risiken, die ein jedes Projekt mit sich bringt, bewusst.
- Verfolgen Sie einen proaktiven Ansatz statt eines reaktiven, indem Sie vorzeitig Handlungsempfehlungen im Umgang mit möglichen Risiken aufzeigen.

3.3 Kommunikation

Effektive Kommunikation ist ein kontinuierlicher Prozess im gesamten Projektlebenszyklus, um sicherzustellen, dass alle Beteiligten auf dem gleichen Stand sind und die Projektziele fest im Blick halten. Wir zeigen Ihnen, wie Sie die Projektbeteiligten auf dem Laufenden halten und sie durch eine klare Vision vereinen.

[»]

Was Sie hier erwartet

- **3.3.1 Projektberichte**

  Projektberichte umfassen alle Rahmenparameter und Informationen zum Projektzustand und -fortschritt.
- **3.3.2 Vision und Mission des Projekts**

  Hier geht es um die Leitaussagen, die den Zweck, die Ziele und die gewünschten Ergebnisse des Projekts definieren und allen Beteiligten als Leuchtturm dienen.
- **3.3.3 Change Requests Management**

  Das Change Requests Management dient dem klaren Umgang mit Änderungsanträgen, um auf Veränderungen flexibel und sorgfältig reagieren zu können.

3.3.1 Projektberichte

Projektberichte sind ähnlich aufgebaut wie Management Reports, jedoch enthalten sie zusätzliche Parameter wie z. B. Laufzeiten, Beteiligungen, Kapazitäten und Budgets, wodurch sie einen höheren Detailgrad erfüllen müssen. Ein Projektbericht sollte alle Rahmenparameter und somit alle relevanten Informationen hinsichtlich des Projektzustands und -fortschritts enthalten und Antworten auf folgende Fragen geben:

- Wann ist das Projekt gestartet?
- Wann endet es?
- Wo stehen wir aktuell?
- Wie steht es um den Plan- vs. Ist-Stand?

Im Gegensatz zum Management Report bildet hierbei der Soll-Ist-Vergleich die Basis des Statusberichts, der auch zusätzliche projektabhängige Faktoren umfasst. Aus dem Projektbericht sollte schnell herausgelesen werden können, ob die benötigten Kapazitäten gedeckt sind oder ob z. B. Urlaube, Krankheiten oder Abwesenheiten einen aktuellen Einfluss auf den Fortschritt haben. Zudem sollte auch dokumentiert sein, ob Qualitätskontrollen in vereinbarten Abständen durchgeführt werden und regelmäßige Abstimmungstermine mit den Stakeholdern und Projektbeteiligten stattfinden.

Die Wichtigkeit von Projektberichten zeigt sich dabei in der Vielfalt, wie sie als Werkzeug im Projektmanagement zum Einsatz kommen:

- **Kommunikationsmittel**

  Projektberichte sind unabdingbar, wenn es um die Kommunikation mit Stakeholdern bzw. relevanten Zielgruppen geht, die nicht direkt am Projekt beteiligt sind, aber über den aktuellen Status informiert werden sollen.

- **Kontrollwerkzeug**

  Auf Basis des Soll-Ist-Vergleichs können sowohl Abweichungen dargestellt als auch die vorhandene oder fehlende Umsetzung von Qualitätskontrollen und Meetings angezeigt werden.

- **Dokumentation**

  Regelmäßige Projektberichte bedeuten auch regelmäßige Dokumentation der Projektergebnisse, des Projektstatus und somit des Projektfortschritts im Sinne der Nachvollziehbarkeit.

- **Sicherheitsprotokoll**

  Dank der Dokumentation helfen Ihnen Projektberichte vor allem auch dabei, sich selbst abzusichern. Gerade für verantwortende Rollen ist die Nachvollziehbarkeit von getätigten Entscheidungen im Projektverlauf nämlich von unschätzbarem Wert – vor allem dann, wenn die Dinge mal nicht so laufen, wie sie sollten.

  Neben den auch im Management Report grundlegenden Informationen rund um den Projektstatus sollte der Projektbericht Folgendes umfassen:

- **Gesetzte Ziele vs. Realität**

  Der Projektbericht sollte aufzeigen, welche Ziele erreicht wurden und wie diese im Vergleich zur Planung einzuordnen sind. Wurden die angepeilten Ziele erreicht oder gibt es Abweichungen?

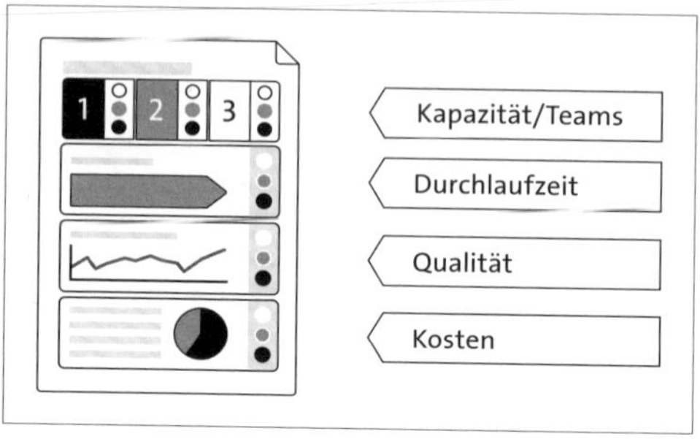

Abbildung 3.19 Projektbericht

- **Maßnahmenüberblick**

  Hier werden Maßnahmen mitgeteilt, die zur Lösung eines Problems bzw. zur Behebung von Abweichungen unternommen wurden, und es wird dargestellt, wie sich diese auf aktuelle und zukünftige Ergebnisse auswirken.

- **Risikoausblick**

  Gibt es noch bestehende Probleme, die kurzfristig auf den Projektfortschritt einwirken, oder muss mit Herausforderungen gerechnet werden, die sich vermutlich in der nächsten Phase am Horizont auftun werden?

- **Faktor Zeit**

  Ob Fristen eingehalten oder gerissen wurden, muss aus dem Projektbericht hervorgehen, da zeitliche Abweichungen nahezu immer auch Mehraufwand bedeuten. Hierbei sollte auch aufgezeigt werden, welche Maßnahmen zu ergreifen und welche Auswirkungen auf die nächstgesetzten Meilensteine zu erwarten sind.

- **Faktor Ressourcen**

  Der Projektbericht sollte jegliche Ressourcennutzung und deren Verbrauch klar aufzeigen. Sind die verfügbaren Ressourcen – vor allem in Form von Budget und Mitarbeitern – ausreichend oder müssen weitere Ressourcen akquiriert werden? Hier gilt es auch getätigte Entscheidungen und Prognosen mitzuteilen, die Abweichungen vom Plan und Änderungen am Projektumfang betreffen.

- **Faktor Finanzen**

  Für alle relevanten Personen muss klar ersichtlich sein, ob das Projekt im Budget, darüber oder darunter liegt. Zudem sollte auch aufgezeigt werden, inwiefern das Projekt womöglich bereits Umsätze erzielt, wie hoch der Deckungsgrad ist und welche offenen Aufwände noch bestehen.

Tipps und Tricks

- Nutzen Sie ein Ampelsystem zur Visualisierung und für die Übersichtlichkeit.
- Stellen Sie eine zusätzliche kleine Beschreibungsfläche für die Aufklärung bereit.
- Erstellen Sie Reports in festen, im Optimalfall wöchentlichen Intervallen.
- Führen Sie punktuelle Zufriedenheitsbefragungen mit Kunden durch, die im Projektbericht festgehalten werden.

3.3.2 Vision und Mission des Projekts

Vision und Mission eines Projekts sind wichtige strategische Elemente und dienen als Leitaussagen, die den Zweck des Projekts, seine Ziele und die gewünschten Ergebnisse definieren. Beide Elemente dienen Ihrem gesamten Team und den Stakeholdern als Orientierung hinsichtlich der Projektrichtung und ermöglichen allen ein gemeinsames Verständnis der Projektziele.

Dabei sollte aber nicht unterschlagen werden, dass sich sowohl Vision als auch Mission dynamisch verhalten. Dies bedeutet, dass Sie zwar von Anfang an eine ausdefinierte Vision und Mission präsentieren müssen – damit alle Beteiligten direkt abgeholt werden –, beide Elemente aber auch kontinuierlich der Pflege bedürfen und sich häufig im Projektverlauf weiterentwickeln.

Die *Projektvision*:

- ist eine prägnante, kurze Aussage, die den übergeordneten Zweck des Projekts unmissverständlich darlegt

- konzentriert sich auf den zukünftigen, erwarteten Zustand, den das Projekt nach Abschluss liefern soll
- soll das Team und alle Beteiligten dazu inspirieren und motivieren eine positive Ausrichtung zu schaffen
- enthält keine genaueren Details oder Handlungsanweisungen

Die *Projektmission*:

- beschreibt die spezifischen Methoden und konkreten Handlungen, mit denen die Vision erreicht wird
- stellt die praktischen Schritte und Maßnahmen dar, die im Projekt angewendet werden
- definiert die Schwerpunktbereiche, den Umfang und die Grenzen des Projekts
- enthält Handlungsanweisungen und verortet das Erreichbare in der Realität

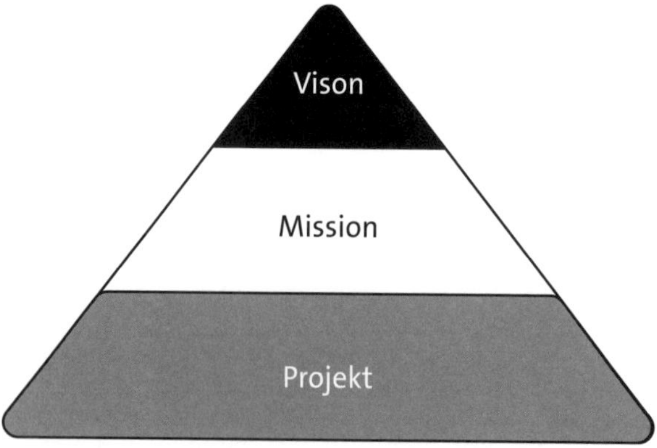

Abbildung 3.20 Projektmission und -vision

Projektvision und -mission sollten einander ergänzen und sich gegenseitig unterstützen, da die Mission die konkreten Schritte und somit den Fahrplan zur Verwirklichung der Vision liefert. Je klarer Sie demnach Ihre Projektziele spezifizieren, desto besser werden Vision und Mission ineinandergreifen und folgende Wirkmacht entfalten:

- Die Vision inspiriert durch die Präsentation einer überzeugenden Zukunft, während die Mission die notwendigen Schritte liefert, um aus der Inspiration Realität werden zu lassen.
- In der Vision und der Mission werden die Bemühungen des Teams und der Stakeholder aufeinander abgestimmt, indem sie ein gemeinsames Verständnis für Zweck und Richtung des Projekts vermitteln.
- Beide fungieren als Motivationsinstrumente, die sowohl die Zielstrebigkeit als auch das Engagement der Beteiligten fördern sollen.
- Vision und Mission dienen Team und Stakeholdern als Leitbilder und helfen ihnen dabei, die Projektziele und deren Wichtigkeit zu verstehen.
- Gemeinsam sorgen sie für die notwendige Akzeptanz und Unterstützung durch Team und Stakeholder, die für den Projekterfolg entscheidend sind.

Tipps und Tricks

- Halten Sie die Visions- und die Missionsbeschreibung im Sinne der Verständlichkeit kurz und prägnant.
- Sorgen Sie für eine klare Zielausrichtung, indem Sie sich in Retrospektiven kontinuierlich die Frage stellen, inwiefern das gesteckte Ziel, auf das hingearbeitet wird, immer noch das Ziel darstellt oder ob es sich verändert hat.
- Berücksichtigen Sie alle Stakeholder, da sie u. U. unterschiedliche Ziele haben.

3.3.3 Change Requests Management

Änderungen gehören im Projektverlauf nicht zur Ausnahme, sondern zur Regel. Budgets können gekürzt oder erhöht werden, Dienstleister abspringen, Mitarbeiter das Unternehmen verlassen, oder – der Klassiker – es kommen neue Anforderungen hinzu oder verändern sich. Um auf diese Veränderungen flexibel und mit der notwendigen Sorgfalt reagieren zu können, müssen Sie zunächst wissen, wie Sie mit *Change Requests* bzw. *Änderungsanträgen* umgehen sollten:

- **Erfassung**: Beschreiben Sie die Änderung, deren Anstoß und die Gründe dafür.
- **Bewertung**: Analysieren Sie, wie sich die Änderung auf den Zeitplan, das Budget, die Ressourcen und somit den gesamten Projektumfang auswirken wird.
- **Genehmigung**: Prüfen Sie die Genehmigungsebene. Können Sie oder gar Ihr Team die Änderung genehmigen, oder erfordert es die Zustimmung von Stakeholdern oder die Prüfung durch ein eingesetztes *Change Control Board (CCB)*?
- **Priorisierung**: Ordnen Sie ein, welche Änderungen am wichtigsten und dringendsten sind.
- **Besprechung**: Setzen Sie alle relevanten Stakeholder über den Fortschritt des Change Requests in Kenntnis.
- **Verwaltung**: Dokumentieren und archivieren Sie alle Change Requests zur Rückverfolgung an einem zentralen Speicherort.
- **Überwachung**: Behalten Sie den Fortschritt der genehmigten Änderungen im Auge und ob deren Umsetzung zu den gewünschten Auswirkungen führt.

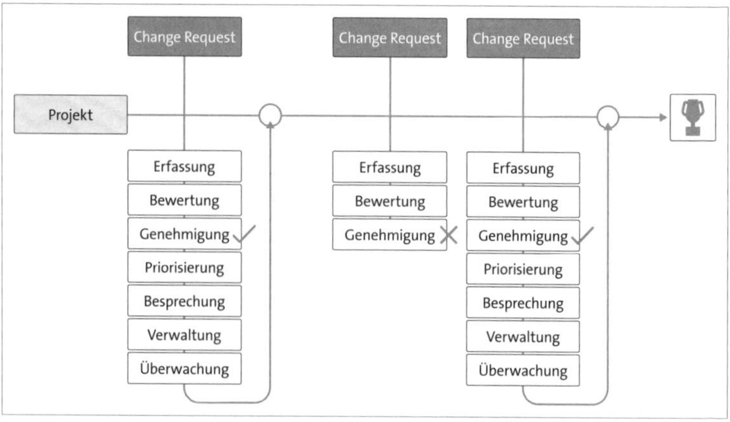

Abbildung 3.21 Change Requests Management

Ein klarer Prozess im Umgang mit Change Requests ist elementar, um Änderungen im laufenden Projekt einzugliedern und deren Relevanz zu überprüfen. Es kommt schließlich nicht selten vor, dass ein Stakeholder plötzlich meint, dass ihm z. B. Blau nicht mehr gefällt und nun alles in Gelb erstrahlen soll. Dies ist für Sie kein Grund, in Panik zu verfallen und schnell die Umsetzung umzumodeln.

Klären Sie zuerst, ob derjenige, der den Change anstößt, überhaupt die Befugnis dafür hat und – unabhängig davon – ob die Änderung wirklich eine Relevanz hat. Nehmen Sie sich die Zeit, die in die Diskussion gebrachte Änderung zu betrachten, und bewerten Sie transparent, was dieser Change für das Gesamtprojekt bedeutet.

Tipps und Tricks

- Sorgen Sie dafür, dass Change Requests nach festen Regeln betrachtet und bewertet werden können.
- Kommunizieren Sie die Folgen und Auswirkungen eines Change Requests transparent.
- Nehmen Sie Veränderungen überall mit auf, um Ihren MAP, Ihre Projektberichte, Roadmap etc. anzupassen und aktuell zu halten.

3.4 Ausrichtung und Zielerreichung

Die Ausrichtung auf die übergeordneten Ziele und die konsequente Verfolgung dieser Ziele sind grundlegende Prinzipien im Projektmanagement. Wir zeigen Ihnen, wie Sie Ihre Ziele validieren und regelmäßig mit den Erwartungen der Stakeholder abgleichen können und welche agile Arbeitsweisen Sie bei der Ausrichtung und Umsetzung unterstützen.

[»]

Was Sie hier erwartet

- **3.4.1 Bedarfsanalyse**

  Die Bedarfsanalyse ermittelt mögliche Bedarfs- und Prozesslücken, die geschlossen werden müssen.
- **3.4.2 Kontinuierliche Zielvalidierung**

  Klare und realistische Ziele müssen vom Start weg definiert und kontinuierlich validiert werden.
- **3.4.3 Sprint Null und/oder Proof of Concept (PoC)**

  Ein Sprint Null kann vor dem Projektstart dabei helfen, organisatorische Fragen zu klären, Prozesse zu testen, das Team zu formen und neue Erkenntnisse zu gewinnen, während mit einem Proof of Concept die Machbarkeit einer Idee oder eines Konzepts bewertet werden kann.
- **3.4.4 Teamqualifizierung und -performance**

  Teams müssen zur kompetenten Erfüllung ihrer Aufgaben über bestimmte Qualifikationen, Fähigkeiten und Expertisen verfügen, wobei die tatsächliche Performance von einer Vielzahl weiterer Faktoren abhängt.
- **3.4.5 Definition der Produktvision**

  In der Produktentwicklung hilft die Produktvision allen Beteiligten und Stakeholdern, den Zweck und die Wichtigkeit der Produktfunktionen zu verstehen und ihre Kraft in deren zielgerichtete Umsetzung zu stecken.
- **3.4.6 Agiles Arbeiten mit Scrum und/oder Kanban**

  Etablierte agile Methoden wie Scrum, Kanban oder deren Mixtur Scrumban setzen bei der Umsetzung auf iterative Entwicklung, Prozessoptimierung, Anpassungsfähigkeit und Flexibilität.

3.4.1 Bedarfsanalyse

Sie haben die Projektziele definiert, Anforderungen und Bedürfnisse identifiziert und die zu leistenden Aufgaben und Mittel zugewiesen. Die Frage ist nun: Hat das Projekt alles, was es benötigt, oder herrscht noch Bedarf? Um diese Frage zu beantworten, lohnt es sich, eine *Bedarfsanalyse* zur Ermittlung möglicher Bedarfs- und Prozesslücken, auch als *Gaps* bezeichnet, durchzuführen:

- **Sammeln Sie interne Informationen**
  - Veranstalten Sie ein Meeting mit den Teammitgliedern oder führen Sie Einzel- oder Gruppengespräche durch, um aus erster Hand zu erfahren, wie der Prozess aktuell umgesetzt wird und welche Methoden genutzt werden.
  - Richten Sie gemeinsam Ihren Blick auf die Ziele und Ergebnisse, die das Projekt erreichen soll.
  - Vergleichen Sie den Status quo mit dem Soll-Zustand und decken Sie die Diskrepanz auf.
  - Identifizieren Sie die bestehenden Lücken und überlegen Sie, welche Lücken einfach geschlossen werden können und wo sich die größten Chancen bieten.
  - Sammeln Sie alle quantitativen Informationen in Form von messbaren Daten hinsichtlich der aktuellen Performance.
  - Fordern Sie alle Beteiligten auf, Informationen zu ihrem Bedarf zu teilen. Warum funktionieren der Prozess oder die Methoden nicht optimal? Wo werden Verbesserungsmöglichkeiten gesehen?
- **Sammeln Sie externe Informationen**
  - Nutzen Sie Kundenfragebögen, Interviews mit relevanten Stakeholdern, Workshops oder Fokusgruppen, um das Feedback von Personen einzuholen, die am Prozess teilgenommen haben oder davon betroffen waren.
  - Es kann sich auch lohnen, eine Person zur internen Gegenprüfung einzuschalten, die den Prozess beobachtet und auf Schwächen überprüft.
- **Starten Sie die eigentliche Analyse**
  - Dokumentieren Sie alle relevanten Informationen mitsamt den gesammelten Daten, um einen Gesamtbericht zu erstellen.

- Priorisieren Sie die aufgedeckten Lücken hinsichtlich ihrer Dringlichkeit und geschätzten Auswirkung.
- Definieren Sie die notwendigen Schritte, um die Prozessänderungen umzusetzen.

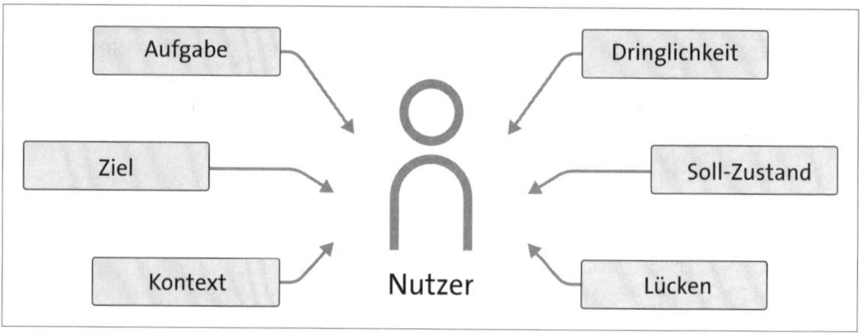

Abbildung 3.22 Bedarfsanalyse

Tipps und Tricks

- Sehen Sie sich den Nutzungskontext genau an und halten Sie auch bei der Bedarfsanalyse die Personas im Blick (wer sind die eigentlichen Nutzer?).
- Hören Sie beim Sammeln der Informationen aktiv zu.
- Gehen Sie jegliche Information sorgfältig durch, um Lücken aufzudecken und klar zu priorisieren.

3.4.2 Kontinuierliche Zielvalidierung

Ziele zu haben ist das eine – sie initial und kontinuierlich zu validieren das andere. Schaffen Sie bereits in der Planungsphase größtmögliche Klarheit mit der Definition realistischer Zielvorgaben und stellen Sie sicher, dass die Projektziele mit den allgemeinen strategischen Zielen Ihrer Organisation übereinstimmen. Hiermit legen Sie die Grundlage für die nachfolgenden Planungs-, Ausführungs- und Überwachungsphasen und sorgen für ein gemeinsames Verständnis aller Beteiligten wie auch der relevanten Stakeholder.

Die wichtigsten Aspekte der Zielvalidierung umfassen hierbei:

- **Klarheit**: Lassen Sie keinen Raum für Unklarheiten. Formulieren Sie Ziele so spezifisch wie möglich, damit keine Missverständnisse den Projektfortschritt behindern.
- **Strategische Zielausrichtung**: Je nach Projekt sollten Sie sicherstellen, dass die Projektziele auch mit den umfassenderen strategischen Zielen der Organisation übereinstimmen und somit zum Gesamterfolg beitragen.
- **Relevanz**: Bewerten Sie die Ziele im Hinblick auf ihre Relevanz für den Projekterfolg und daraufhin, ob sie auch wirklich Kernbedürfnisse der Stakeholder adressieren.
- **Messbarkeit**: Definieren Sie messbare Erfolgskriterien wie KPIs oder Metriken, angesichts derer Sie den Projektfortschritt und das Erreichen der Projektziele bewerten können.
- **Durchführbarkeit**: Nur realistische Ziele sind gute Ziele. Bewerten Sie die Machbarkeit anhand der verfügbaren Ressourcen, des Zeitrahmens und der Einschränkungen des Projekts.
- **Stakeholder-Vereinbarung**: Holen Sie die Zustimmung der wichtigsten Stakeholder ein und stellen Sie sicher, dass diese mit den Projektzielen einverstanden sind und sich diesen committen.
- **Risikoüberlegungen**: Machen Sie sich Gedanken über potenzielle Risiken und Herausforderungen, die mit jedem Ziel verbunden sind und sich auf die Zielerreichung auswirken könnten.
- **Dokumentation**: Halten Sie die Projektziele fest, damit sie über den gesamten Projektverlauf als Referenzpunkt dienen können und ihre Nachvollziehbarkeit gewährleistet ist.
- **Kommunikation**: Sorgen Sie dafür, dass alle relevanten Stakeholder über die Ziele Bescheid wissen und dass sich die Projektbeteiligten darüber im Klaren sind, was erreicht werden muss.

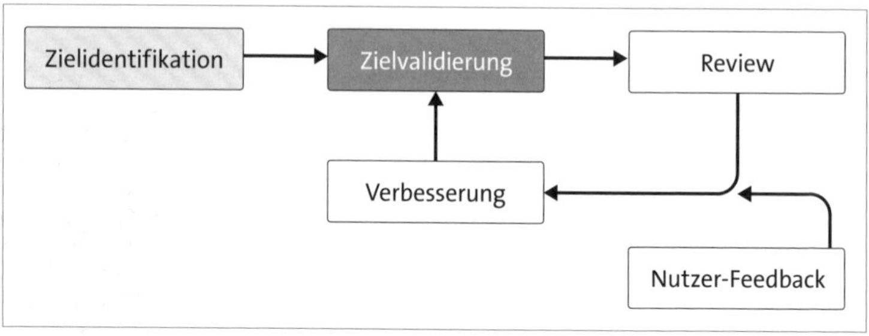

Abbildung 3.23 Zielidentifikation und -validierung

Nach dieser initialen Ausdefinition und Klärung der Ziele geht es nun darum, die Projektziele regelmäßig im Verlauf des Projekts zu überprüfen und zu validieren. Es wäre natürlich schön, wenn auserkorene Ziele von Anfang an in Stein gemeißelt wären, aber die Projektumgebung ist gerade im Digitalen immer Veränderungen ausgesetzt, die danach verlangen, dass Ziele nach Bedarf iteriert und angepasst werden müssen.

Die kontinuierliche Zielvalidierung über den gesamten Projektlebenszyklus hinweg ist ein wichtiger Kontrollmechanismus, um sicherzugehen, dass die Ziele auch veränderten oder neu auftretenden Anforderungen entsprechen. So wie Sie und Ihr Team Lösungen evaluieren, sollten Sie daher auch Ihre Ziele immer wieder aufs Neue evaluieren. Bedienen Sie sich hierfür einfach aus dem Agile-Methoden-Katalog und nutzen Sie Reviews oder Retrospektiven.

Setzen Sie sich regelmäßig mit Ihrem Team, aber auch mit Dienstleistern, Auftraggebern oder dem Management zusammen und bewerten Sie, was gut läuft und was nicht. Nutzen Sie Zwischenergebnisse, um gemeinsam zu analysieren, ob Prozesse und Methoden optimiert werden können. Sammeln Sie Nutzerfeedback, um herauszufinden, inwiefern Ihr Produkt tatsächlich den Anforderungen entspricht oder ob neue Erwartungen hinzugekommen sind. Agiles Arbeiten baut auf Iteration, und das bedeutet, auch wirklich jeden Stein immer wieder umzudrehen, ihn zu inspizieren und notwendige Anpassungen vorzunehmen – dies gilt auch für Ihre Projektziele.

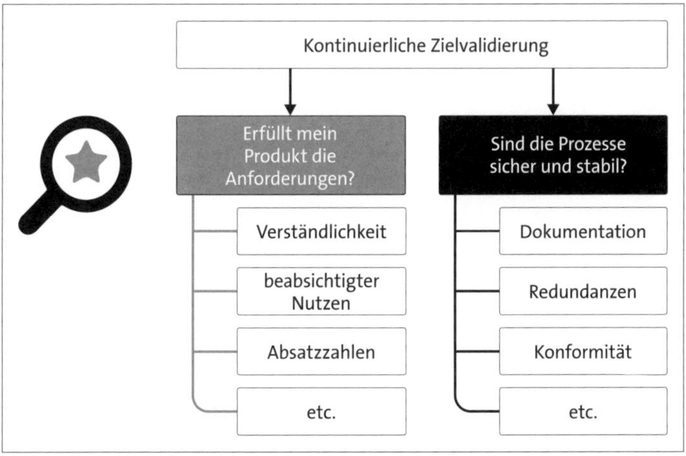

Abbildung 3.24 Kontinuierliche Zielvalidierung

Tipps und Tricks

- Legen Sie für jedes Ziel klare, messbare Kriterien fest.
- Validieren Sie regelmäßig Ihre Ziele und halten Sie fixe Meetings ab, um diese zu hinterfragen.
- Falls notwendig – seien Sie flexibel und passen Sie Ihre Ziele an.

3.4.3 Sprint Null und/oder Proof of Concept (PoC)

Der Sprint Null bzw. *Sprint Zero* oder *Sprint 0* ist zwar kein offizieller Teil des Scrum Frameworks, jedoch hat er sich in der agilen Entwicklung als äußerst effektiv erwiesen, wenn es um die Vorbereitung auf die eigentlichen Sprints geht. In ihm können Sie die Grundlagen für das Projekt legen, organisatorische Fragen klären, Prozesse testen, Ihr Team formen, schulen und es auf die kommende Zeit einschwören.

Dabei folgt der Sprint Null den Scrum-Prinzipien, um das Team mit der Methodik vertraut zu machen und dessen Effizienz vom Start weg zu steigern. Gleichzeitig kann er Ihnen dabei helfen, neue Erkenntnisse zu gewinnen und Bedarfe zu erkennen, die in Ihre Planungsüberlegungen einfließen sollten.

Aktivitäten, die im *Sprint Null* durchgeführt werden können:

- **Teamzusammenstellung**
  - Bilden Sie Ihr agiles Team, das an dem Projekt arbeiten wird.
  - Finden Sie heraus, wer sich in welchem Bereich besonders gut auskennt (Prozesse, Tools, Programmiersprache etc.)
  - Weisen Sie Rollen und Verantwortlichkeiten zu.
- **Projektinitialisierung**
  - Legen Sie Ihre Projektvision und Ziele dar.
  - Klären Sie grundlegende Fragen hinsichtlich Projektumfang, Annahmen und Beschränkungen.
  - Identifizieren Sie wichtige Stakeholder und richten Sie Kommunikationskanäle ein.
  - Gehen Sie die Projekt-Roadmap durch oder entwickeln Sie diese.
- **Technologieauswahl**
  - Wählen Sie die erforderlichen Technologien und Tools aus, die zum Einsatz kommen sollen.
  - Hierbei kann es sich z. B. um Datenbanken, Programmiersprachen, Entwicklungs-, Kollaborations- und Projektmanagementtools handeln.
- **Prozesseinrichtung**
  - Legen Sie den agilen Entwicklungsprozess und die zu nutzenden Praktiken fest (Sprint-Dauer, -Planung, -Retros, Dailys etc.).
  - Definieren Sie die zu erfüllenden Kriterien, damit eine Aufgabe als erledigt gilt – die Definition of Done (DoD).
- **Infrastrukturaufbau und Onboarding**
  - Richten Sie die notwendige Infrastruktur ein (Deployment-Prozesse, Tools, Test- und Entwicklungsumgebungen etc.).

  - Führen Sie das Onboarding durch (Verteilung von Accounts, Zugangsberechtigungen, Arbeitsplätzen etc.).

- **Backlog-Erstellung**
  - Erstellen und priorisieren Sie das anfängliche Product Backlog.
  - Skizzieren Sie die Funktionen oder User Stories.
  - Schärfen Sie die identifizierten Anforderungen.
- **Risikoanalyse**
  - Identifizieren und analysieren Sie potenzielle Risiken, Unsicherheiten und Herausforderungen, die das Projekt beeinflussen können.
  - Entwickeln Sie Strategien zur Verringerung der Risiken und wie diese bewältigt werden können.
- **Schulung des Teams**
  - Machen Sie die Teammitglieder mit den agilen Methoden vertraut.
  - Bieten Sie Schulungen zu den neuen Prozessen, Tools und Technologien an.
- **Prototyping oder Proof of Concept (PoC)**
  - Erstellen Sie Prototypen oder führen Sie Proof-of-Concept-Aktivitäten durch.
  - Überprüfen Sie die Machbarkeit bestimmter Funktionen oder Anforderungen.
  - Validieren Sie Ideen und erkunden Sie technische Herausforderungen.
- **Vorprojektplanung**
  - Teilen Sie die Arbeit in kleinere Aufgaben auf und verschaffen Sie sich einen Überblick über den zu erwartenden Aufwand, den Projektzeitplan und die anvisierten Meilensteine.
  - Bereiten Sie die ersten Sprints vor und erstellen Sie einen Release-Plan.

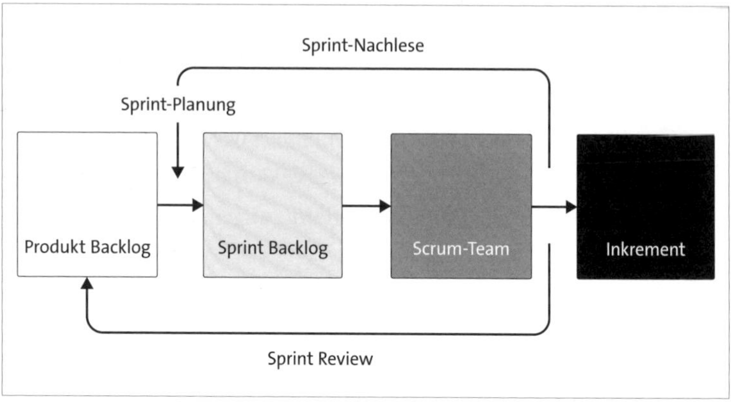

Abbildung 3.25 Sprintablauf

Dass der Sprint Null nicht Teil der offiziellen Scrum-Methode ist, liegt daran, dass laut Scrum-Prinzipien mit jedem Sprint etwas Funktionales, ein Inkrement, produziert werden muss. Einige Experten sind daher der Meinung, dass ein Sprint Null nichts von Wert schafft, außer man entwickelt einen ausgefeilten Prototyp oder am besten ein fertiges Minimum Viable Product (MVP), wodurch man ihn direkt als »Sprint 1« betiteln sollte.

Wir sind der Meinung, dass die Aktivitäten eines Sprints Null nicht nur vielfältige Vorteile für nahezu jedes Projekt mit sich bringen, sondern dass mit ihm bei der Produktentwicklung auch erste Muster in Form eines Prototyps – egal wie rudimentär – erstellt werden können, die Ihnen sowohl bei der Testung als auch bei der Erbringung eines Proofs of Concept helfen.

Dieser **Proof of Concept** kann in der Produktentwicklung einem MVP vorausgehen – wobei sich hier vor allem auf einen Kernaspekt des zu entwickelnden Produkts konzentriert wird – oder ganz allgemein eingesetzt werden, um die Machbarkeit einer Idee zu überprüfen und zu bewerten. Mit ihm soll validiert werden, dass das Unternehmen/Team über die notwendigen Fähigkeiten verfügt, die Idee zu realisieren, und dass die Idee von Relevanz ist.

Ein Proof of Concept sollte:

- die Machbarkeit einer Idee oder eines Konzepts demonstrieren
- schnell und mit begrenzten Ressourcen durchgeführt werden können
- die Kernfunktionalität des geplanten Produkts, Systems oder Verfahrens aufzeigen
- alle relevanten Stakeholder mitsamt ihren Erwartungen und Anforderungen berücksichtigen
- die dem Projekt zugrunde liegenden Annahmen validieren
- für zukünftige Maßnahmen sorgfältig dokumentiert werden
- die Eignung und Leistung von Technologien, Frameworks und Tools überprüfen

Es handelt sich also um ein Pilot- oder Testprojekt, das mit einem Sprint Null vollzogen werden kann, aber nicht muss. Anders gesagt: Ein Sprint Null kann Ihnen auch dienlich sein, wenn Ihr Projekt grundsätzlich auf im Unternehmen verankerten Methoden sowie etablierten Verfahren beruht und es zuvorderst um Optimierung geht – ein PoC ist erforderlich, wenn es um eine vollkommen neue Projektidee oder neue Funktionen geht, für die es keinen Präzedenzfall gibt.

Um einen Proof of Concept zu erbringen, gehen Sie wie folgt vor:

- **Definieren Sie Ihre Idee**
  - Beschreiben Sie Ihre Idee.
  - Legen Sie den Anwendungsbereich fest.
  - Identifizieren Sie die Probleme Ihrer Zielgruppe.
  - Erklären Sie, wie die Probleme gelöst werden sollen.
  - Formulieren Sie die Umsetzung und langfristige Auswirkung Ihrer Idee.
- **Ziele und Zeitplan festlegen**
  - Beschreiben Sie den Umfang und die Ziele des PoC.
  - Definieren Sie die *Use Cases*.

  - Legen Sie die relevanten Erfolgskennzahlen zur Messung des Erfolgs fest.
  - Erstellen Sie einen Zeitplan und identifizieren Sie, welche Ressourcen benötigt werden.
- **Setzen Sie Ihre Planung als Projekt um**
  - Entwickeln Sie ein Modell oder einen Prototyp Ihrer Idee.
  - Testen Sie das Modell/den Prototyp mit Ihrer Zielgruppe, wenn nötig und möglich vor Ort.
  - Sammeln Sie jegliches Feedback durch Befragungen, Kommentare, beobachtete Reaktionen und Verhaltensweisen.
- **Analysieren und skalieren Sie die Ergebnisse**
  - Bestimmen Sie, welche der gesammelten Daten mit den Erfolgskennzahlen verglichen werden können.
  - Beschreiben Sie die Informationen, die zusätzlich von Relevanz sein sollten.
  - Vergleichen Sie die Daten mit den definierten Zielen.
  - Skalieren Sie die Ergebnisse, um zukünftiges Wachstum einzuplanen.

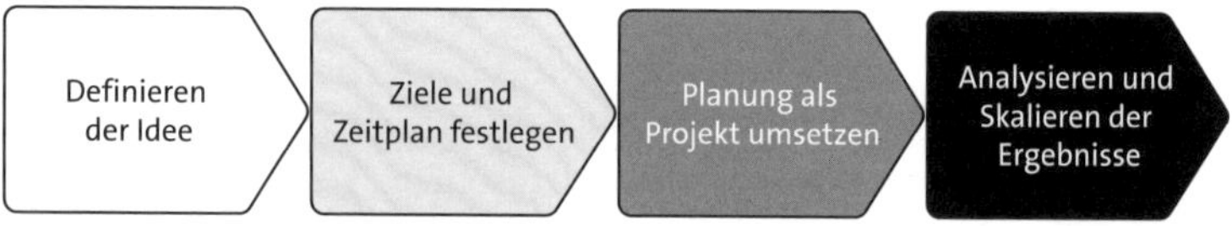

Abbildung 3.26 Durchführung eines Proofs of Concept

Das Testen mit einem Proof of Concept soll Ihnen und Ihren Stakeholdern als Entscheidungsgrundlage dienen, um zu evaluieren, ob das Projekt fortgesetzt werden soll. Dabei hilft der PoC, den Umfang genauer zu definieren und durch die Identifizierung von Problemen und Lösungen die Risiken zu minimieren sowie die Ziele genauer zu schärfen. Es kann sich daher auch lohnen, einen PoC bei größeren Veränderungen in längerfristigen Projekten einzustreuen, um das Konzept und die Anforderungen zu überprüfen, anzupassen und zu verfeinern.

Tipps und Tricks

- Nutzen Sie einen Sprint Null, um Ihr Team abzuholen und auf die kommenden Aufgaben vorzubereiten.
- Erstellen Sie mit Hilfe eines Sprints Null ein Proof of Concept, um Ihre Idee zu validieren.
- Lassen Sie die Ergebnisse des Sprints Null und/oder PoC in Ihre Projektplanung einfließen.

3.4.4 Teamqualifizierung und -performance

Um ein Projekt umzusetzen, benötigen Sie ein Team, das über gewisse Skills, Fähigkeiten und Expertisen verfügt – Qualifikationen, die unerlässlich sind, damit einem realistischen und erfolgreichen Projektverlauf nichts im Wege steht.

Die Schlüsselaspekte der *Teamqualifizierung* lassen sich dabei wie folgt beschreiben:

- **Technische Fähigkeiten**: Das Team sollte über die für das Projekt erforderlichen technischen Fähigkeiten – wie z. B. Programmiersprachen oder Designkenntnisse – verfügen, die zur Erfüllung der Projektziele relevant sind.
- **Soft Skills**: Die Arbeit im Team erfordert effektive Kommunikation, Zusammenarbeit, Problemlösungsfähigkeiten und nicht selten Führungsqualitäten, um auftretende Herausforderungen zu meistern und gemeinsam Fortschritt zu erzielen.
- **Erfahrung**: Es ist immer von Vorteil, wenn Teammitglieder bereits Erfahrungen mit agilen Methoden, die genutzt werden sollen, haben oder Projektmanagement-Methoden kennen, damit sie bei der Projektplanung und -ausführung ihren Beitrag leisten. Auch Branchenerfahrung und das damit einhergehende Wissen um Vorschriften oder Best Practices sollte Ihnen und dem gesamten Team helfen.
- **Bildung**: Branchenspezifische Zertifizierungen oder bestimmte Abschlüsse sind natürlich in jedem Arbeitsumfeld erforderlich und sollten mit den Anforderungen des Projekts übereinstimmen.

- **Rollen und Verantwortlichkeiten**: Je nach Projekt sollte jedes Teammitglied eine klar definierte Rolle und Verantwortlichkeiten haben, damit Aufgaben entsprechend verteilt werden können und jeder um seinen zu leistenden Beitrag weiß.
- **Funktionsübergreifende Teams**: Agile Projekte umfassen zumeist vielfältige Aspekte und erfordern daher eine Mischung aus Personen mit unterschiedlichem Fachwissen, Bildungshintergrund und selbst kulturellem Hintergrund. Ein vielfältiges Team ist oft einfacher in der Lage, unterschiedliche Perspektiven einzunehmen und kreative Lösungsansätze zu ergründen.
- **Anpassungsfähigkeit**: Agile Methoden finden u. a. ihren Wert in einer hohen Anpassungsfähigkeit, die auch von den Teammitgliedern hinsichtlich ihrer Arbeitsweise oder bei unvorhergesehenen Herausforderungen verlangt wird.
- **Kontinuierliches Lernen**: Ihre Teammitglieder sollten mit einer gewissen Neugierde gesegnet und vor allem offen für Neues sein. Der Wille, sich stets weiterzuentwickeln und auch mal über den Tellerrand zu schauen, kann ein entscheidender Faktor in einer schnelllebigen, sich stetig wandelnden Digitalwelt darstellen.
- **Effektive Kommunikation**: Aktiv zuzuhören, direktes sowie konstruktives Feedback zu geben und Informationen klar und verständlich zu vermitteln sind bei der Projektumsetzung unabdingbare Fähigkeiten, die Ihre Teammitglieder beherrschen sollten.

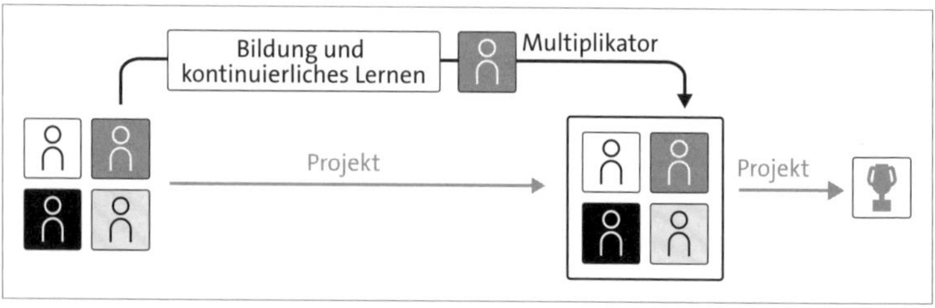

Abbildung 3.27 Teamqualifizierung

Der Aufbau eines vielfältigen und mit den notwendigen Kompetenzen versehenen Teams ist einer der Grundbausteine für den Erfolg Ihres Projekts. Die *Teamperformance* hängt hierbei jedoch von vielen weiteren Faktoren wie z. B. der Teamstruktur, dem Wertekodex oder der implementierten Prozesse ab, die Sie allesamt im Blick haben sollten.

Achten Sie auf:

- eine ausgewogene *Zusammensetzung des Teams* – crossfunktional mit unterschiedlichen Erfahrungs- und Wissensschätzen
- *vorhandene Arbeitsnormen* – klare Regelungen zur Arbeitsweise und zur Verteilung der Aufgaben
- *Selbstorganisation* – ermöglichen Sie teaminterne Entscheidungsfindungen und autonome Koordination der Arbeit
- eine *gemeinsame Vision* – ein definierter Leuchtturm zur Orientierung
- eine *gelebte Feedbackkultur* – jeder muss Ansprechpartner haben und seine Meinung kundtun können
- die Einhaltung der *Werte* – verpflichten Sie sich und Ihr Team einem Kodex aus Fairness, Toleranz, Ehrlichkeit, Respekt und Vertrauen

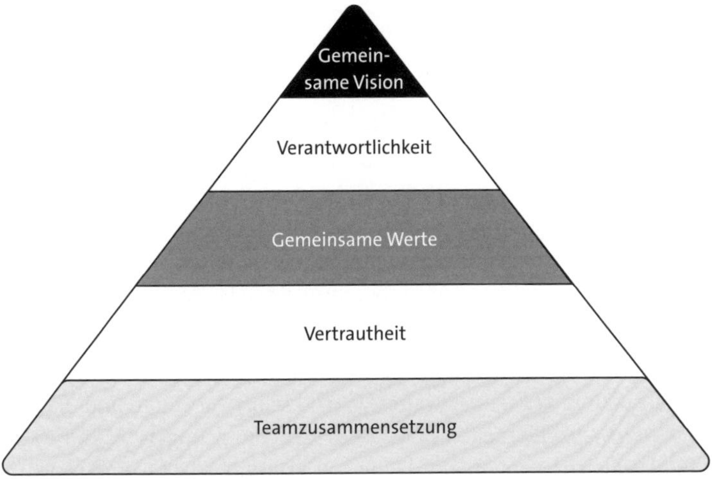

Abbildung 3.28 Teamperformance

- *Feierlichkeiten* – feiern Sie Erfolge und belohnen Sie Ihr Team für erreichte Meilensteine
- *Problemfälle* – nicht nur schlechte Leistungen eines Mitglieds können das Team ausbremsen, auch notorische Nörgler, Einzelgänger oder Mitglieder, die sich nicht an die Werte und Regeln halten, können das Teamklima vergiften
- *Akzeptanz* – Entscheidungen müssen in letzter Konsequenz genauso akzeptiert werden wie Fehler, sofern sich alle auf das Ziel committen und offen kommunizieren

Tipps und Tricks

- Nutzen Sie das Vorwissen einzelner Teammitglieder, um das gesamte Team zu stärken und erfahrene Beteiligte in die Verantwortung zu ziehen.
- Halten Sie die Soft Skills im Auge, damit ein Team auch wirklich als Team agiert und nicht aus einer Reihe Einzelgänger besteht.
- Formulieren Sie klare Normen und Werte, um eine positive und zielgerichtete Teamkultur zu schaffen.

3.4.5 Definition der Produktvision

Eine *Produktvision* ist vom Grundsatz her das Gleiche wie die Projektvision, indem es den Leuchtturm abbildet, nach dem alle gemeinsam streben. Eine genauere Unterscheidung bietet sich aber allein deshalb schon an, da es auch Projekte gibt, die mehrere Produkte beinhalten. So kann ein Digitalisierungsprojekt z. B. nicht nur eine Service-Applikation enthalten, sondern zudem ein Rechnungsprogramm als Ziel verorten.

Wohin wollen wir? Dies ist eine der zentralsten Fragen der Produktentwicklung, der im agilen Kontext noch mehr Gewichtung zufällt. Vor allem deshalb, da Ihre Teams sich weitestgehend selbst verwalten und in Eigenverantwortlichkeit arbeiten sollen. Dies kann nur gelingen, wenn wirklich jeder das gleiche Verständnis davon hat, *was* entwickelt werden soll und vor allem *warum* es entwickelt werden soll.

In vielen Projekten passiert es leider viel zu schnell, dass man sich in Details verliert, Arbeit findet, die nicht im Umfang enthalten sein sollte, oder an Funktionen arbeitet, die keinen Mehrwert bringen. Eine klar definierte Produktvision hilft Ihrem Team und Ihren Stakeholdern, den Zweck und die Wichtigkeit der Produktfunktionen zu verstehen und all ihre Kraft in die zielgerichtete Umsetzung zu stecken – um ein Produkt herzustellen, das ein klares Nutzerbedürfnis adressiert.

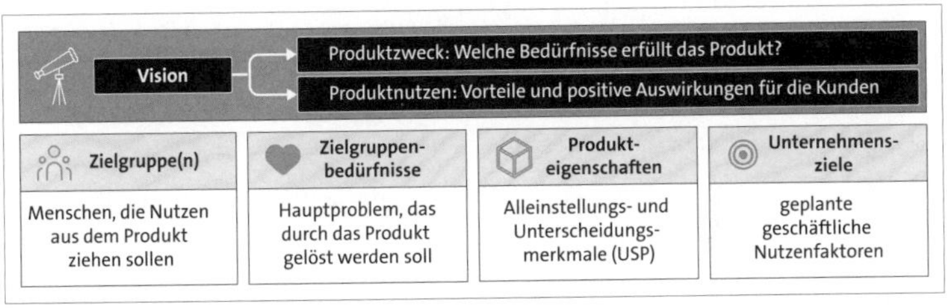

Abbildung 3.29 Produktvision

Die Produktvision sollte dabei Folgendes leisten:

- **Eindeutigkeit**: Eine Produktvision kann nicht im luftleeren Raum bestehen. Sie müssen klar herausstellen, welches Problem oder welches Bedürfnis besteht und wie das Produkt dieses auffängt. Nur wenn für alle klar ersichtlich ist, dass das Produkt tatsächlich einen Mehrwert hat, kann die Vision Flügel bekommen.
- **Motivation**: Es gibt nichts Besseres für ein Team, als sich einem klaren Ziel zu verschreiben, dessen Wirkkraft greifbar ist. Niemand will an etwas arbeiten, das keinen augenscheinlichen Nutzen aufweist. Nehmen Sie Ihre Teammitglieder mit auf eine Reise, an deren Ende ein Produkt steht, das Menschen ihren Alltag erleichtert und auf das sie stolz sein können.
- **Nachvollziehbarkeit**: Gestalten Sie Ihre Produktvision derart einfach, dass sie selbst ein Kind verstehen kann. Dies bedeutet auch, dass alle Beteiligten nicht nur direkt das *Warum* erfassen, sondern auch erkennen können, was für ihre Umsetzung von Nöten ist und welche Kompetenzen dafür erforderlich sind.

Mit einer leicht zu verstehenden Produktvision sorgen Sie dafür, dass Ihr Team sich immer am Leuchtturm ausrichtet und somit genau weiß, worauf es sich konzentrieren muss. Zudem ermöglicht eine mit dem Team und den Stakeholdern abgestimmte Produktvision das Minimieren von Missverständnissen. Wenn sich alle bereits vor dem Projektstart auf ein Ziel einschwören, stärkt dies nicht nur die Beziehung aller relevanten Personen untereinander, sondern hält auch für alle transparent fest, worum es geht und worum es eben nicht geht.

Tipps und Tricks

- Geben Sie den Leuchtturm vor, an dem sich alle ausrichten.
- Zeigen Sie das zu lösende Problem auf und den Impact, den das Produkt haben soll.
- Unterschätzen Sie nicht den Drive, den eine realistische und erstrebenswerte Produktvision bei den Beteiligten auslösen kann.

3.4.6 Agiles Arbeiten mit Scrum und/oder Kanban

Agiles Projektmanagement setzt auf verschiedene Methoden, bei denen zumeist auf iterative Entwicklung, Prozessoptimierung, Anpassungsfähigkeit und Flexibilität Wert gelegt wird. Statt vollgepackter Lastenhefte und in Stein gemeißelter Prozesse soll es im Agilen um adaptive Planung und crossfunktionale Teams gehen, die so weit wie möglich in Eigenverantwortlichkeit zusammenarbeiten.

Im Folgenden wollen wir deshalb die etablierten Methoden Scrum, Kanban und deren Mixtur Scrumban beleuchten, die Ihnen als Rahmenwerk für die Implementierung einer agilen Arbeitsweise dienen sollen.

Agiles Arbeiten mit Scrum

Die Scrum-Methode, die zunächst ihren Einsatz in der Softwareentwicklung fand und heutzutage in verschiedensten Projekten angewendet wird, ist ein Agile Framework für Teams, um Produkte schnell entwickeln und kontinuierlich optimieren zu können. Das Rahmenwerk – niedergeschrieben im sogenannten *Scrum Guide* – dient Ihnen hierbei als Leitfaden, in dem die wichtigsten Werte, Prinzipien, Richtlinien und Scrum-Rollen für die Umsetzung des agilen Arbeitsprozesses definiert werden.

Die Methode selbst richtet sich nach dem Manifest für agile Softwareentwicklung, liefert aber im Gegensatz zu anderen agilen Methoden eine klare Struktur und konkrete Tools in Form von Sprints, Stand-ups und Retrospektiven, die den Teams die Zusammenarbeit erleichtern und eine iterative, inkrementelle Produktentwicklung ermöglichen sollen.

Die Basis hierfür bildet die *empirische Prozesskontrolle*, die besagt, dass Wissen aus Erfahrung und dem Treffen von Entscheidungen auf der Grundlage von Beobachtungen entsteht, und die in den drei *Scrum-Säulen* verankert ist. Diese stellen sich wie folgt dar:

1. **Transparenz**

   Der gesamte Prozess und die entstehende Arbeit müssen für alle am Projekt Beteiligten offen kommuniziert, verständlich und transparent sein. Dabei geht es nicht nur darum, dass alle sich an Vereinbarungen halten und im Sinne der Selbstorganisation ihren Beitrag leisten sowie Vertrauen aufbauen. Es geht vor allem um die einheitliche Wahrnehmung der drei formalen *Scrum-Artefakte* und die darin enthaltenen Verpflichtungen:

   - Der Product Backlog richtet sich am *Produktziel* aus – was wird benötigt, um das Ziel zu erreichen?
   - Der *Sprint Backlog* richtet sich am *Sprintziel* aus – welches Ziel steht hinter einem jeweiligen Sprint?
   - Das Inkrement richtet sich nach der Definition of Done – kann ein Element als Inkrement freigegeben werden oder muss es für weitere Überlegungen zurück in den Product Backlog?

2. **Überprüfung**

   Nur durch Transparenz können Arbeitsschritte und -ergebnisse nachvollziehbar überprüft werden. Jedes Artefakt muss regelmäßig und sorgfältig auf dessen Eignung und mit Hinblick auf die vereinbarten Ziele überprüft werden, um mögliche Abweichungen und Probleme frühzeitig zu erkennen. Damit diese Überprüfungen keine Behinderung, sondern einen Mehrwert für die Projektarbeit liefern, umfassen

Scrum-Sprints fünf Events – bestehend aus dem Sprint an sich, der *Sprint Planung*, dem *Daily Scrum*, der *Sprint Review* und der *Sprint Retrospektive* –, die dem Team die Einhaltung der zusammenspielenden Prozesse erleichtert.

3. **Anpassung**

   Die regelmäßige Überprüfung ist gleichsam auch Voraussetzung für das Anpassen an veränderte Rahmenbedingungen, um schneller und effizienter zu arbeiten und Ziele zu erreichen. Wenn Prozesse oder Resultate einer Überprüfung nicht standhalten, müssen das angewandte Vorgehen oder die entwickelten Elemente schnellstmöglich angepasst und eine Entscheidung herbeigeführt werden. Dies kann nur geschehen, wenn sich das Scrum-Team selbst verwalten kann und die notwendigen Befugnisse für anstehende Anpassungen im Vorhinein geklärt wurden.

   Wenn Sie sich in der Rolle des Product Owners wiederfinden, sind Sie dafür verantwortlich, den Wert des Projekts oder Produkts zu maximieren, indem Sie Interessen des Unternehmens und der Anwender berücksichtigen und in das Product Backlog überführen. Das Product Backlog Management erfordert hierbei eine klare Kommunikation des übergeordneten Ziels und die Priorisierung der einzelnen Elemente, um sicherzustellen, dass Ihr im Optimalfall interdisziplinäres Entwicklerteam – bestehend aus drei bis maximal zehn Personen – an den richtigen Aufgaben zur richtigen Zeit arbeitet.

Der Ablauf des gesamten Scrum-Prozesses folgt dabei immer einer klaren Struktur:

Anlegen des Product Backlogs

Das Product Backlog enthält das langfristige Produktziel und zunächst eine grobe Zusammenstellung der Merkmale und Funktionen, die das Produkt zur Zielerfüllung haben muss. Auf Grundlage der Produktvision und des stetigen Austauschs mit den Stakeholdern können Sie die zu entwickelnden Eigenschaften des Produkts als *Product Backlog Items* festhalten und als User Stories verfassen, um den erwarteten Mehrwert zu beschreiben.

Diese von kleinen To-dos bis hin zu neuen Features reichenden Elemente müssen priorisiert und in eine Reihenfolge gebracht werden, damit Ihr Team mit der Abarbeitung der wichtigsten oder einfach realisierbaren

Anforderungen beginnen kann. Dabei gilt es die Elemente kontinuierlich zu verfeinern und zu präzisieren sowie den Backlog z. B. durch hinzukommendes Feedback anzupassen und zu erweitern.

Schärfung im Sprint Refinement

Die Präzisierung des Umfangs sowie der anstehenden Aufgaben kann zudem in einem gemeinsamen Refinement Meeting geschehen. Hierbei setzen Sie sich vor der Sprint-Planung mit dem Scrum-Team zusammen, um ihm die Anforderungen aufzuzeigen, Ideen für die Umsetzung zu sammeln und mögliche Fragen aus dem Weg zu räumen.

Gerade bei komplexeren Vorhaben oder unerfahrenen Teams bietet sich diese Methode an, damit alle Beteiligten abgeholt werden und vom Start weg mit dem notwendigen Fokus und einem klaren Verständnis für die vor ihnen liegenden Aufgaben in den eigentlichen Sprint gehen.

Erstellung des Sprints Backlog in der Sprint-Planung

Zeigen Sie Ihrem Team das Produktziel und die am höchsten priorisierten Product Backlog Items auf, damit es die Aufgaben für den Sprint planen und das Sprintziel definieren kann. Je erfahrener die Beteiligten sind und je klarer das Verständnis der Definition of Done ist, desto besser wird hierbei Ihre *Sprint-Prognose* sein.

Das Scrum-Team überführt danach das verpflichtende Sprintziel mit den zu erstellenden Elementen in den Sprint Backlog, der den Sprintplan sowie die Arbeitsquelle Ihrer Entwickler darstellt. Dieser wird über den Sprint hinweg laufend aktualisiert, um neue Learnings zu vermerken und den Fortschritt aufzuzeigen.

Abhalten des Daily Scrum

In täglichen, 15-minütigen Meetings informieren sich die Entwickler über das Geleistete, das aktuell Anstehende und mögliche Learnings oder Probleme bei der Umsetzung. Die Entwickler schauen sich hierbei den bisherigen Fortschritt an, planen selbstständig die Arbeit für den angebrochenen Tag und überprüfen, inwieweit das Sprintziel weiterhin realisierbar ist.

Als Product Owner werden Sie im Daily Scrum normalerweise nicht benötigt. Falls Sie jedoch aktuell am Sprint Backlog mitarbeiten, sollten Sie sich auch am Daily Scrum beteiligen und dem Team direkt Auskunft über Anpassungen geben.

Sprint Review und Retrospektive

Am Ende eines Sprints präsentiert das Scrum-Team dem Product Owner und relevanten Stakeholdern seine Ergebnisse und den Fortschritt hinsichtlich des Produktziels. Dabei wird auch erörtert, welche Aufgaben noch nicht abgeschlossen wurden, ob das erarbeitete Inkrement den Anforderungen entspricht und ob der Product Backlog und die darin enthaltene Priorisierung angepasst werden müssen.

Nachdem die Arbeit bewertet, Anpassungen diskutiert und Feedback eingeholt wurde, sollte zudem eine Sprint Retrospektive des Scrum-Teams folgen, in der die Zusammenarbeit und der Arbeitsprozess reflektiert werden:

- Was lief gut und was nicht?
- Wo bieten sich neue Möglichkeiten oder stellten sich neue Erkenntnisse ein?
- Wie können wir den Entwicklungsprozess im Folgesprint verbessern?

Das Ziel der Retrospektive ist demnach das Herausfiltern von Maßnahmen und Learnings, die nicht nur zu neuen Vereinbarungen für den kommenden Sprint, sondern auch zur Optimierung agiler Prozesse im gesamten Unternehmen führen sollen.

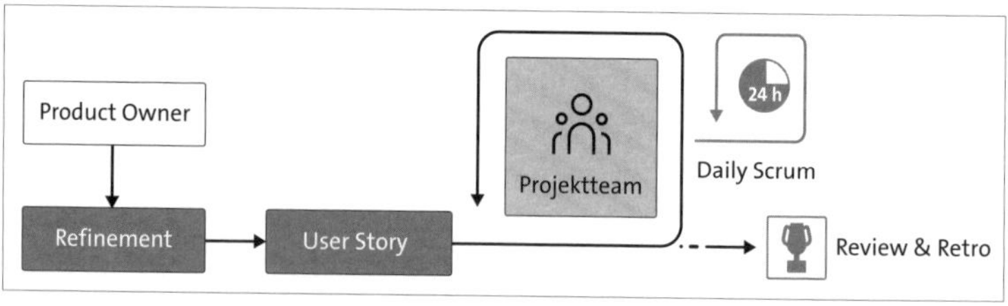

Abbildung 3.30 Scrum-Methode

Agiles Arbeiten mit Kanban

Kanban ist eine agile Methode zur Prozessverbesserung, welche die Arbeit in verschiedene Phasen unterteilt, um sowohl die Effizienz des Teams als auch die Qualität zu steigern. Ziel ist es, durch kleine Arbeitsschritte den Prozess evolutionär zu optimieren, indem priorisierte Aufgaben durch ein flexibles Rahmenwerk fließen. In diesem werden die einzelnen Arbeitsschritte visualisiert und in eine verständliche Reihenfolge gebracht, sodass das Team gemeinsam einem klaren Ablauf folgen und der kontinuierliche Fortschritt überwacht werden kann.

Dabei baut die Methode auf den folgenden sechs Säulen auf:

Visualisieren Sie die Arbeit

Jeder Arbeitsschritt und dessen Fortschritt wird als Karte dargestellt, die sich von links nach rechts auf dem Kanban Board bewegt. Von ihrem Startpunkt aus – dem Backlog – durchläuft sie so die einzelnen Bearbeitungsphasen, bis sie als erledigt verbucht werden kann. Dies ermöglicht Ihnen und den Beteiligten nicht nur einen Überblick über die noch zu erbringende Arbeit, sondern auch eine Verortung des Fortschritts.

Begrenzen Sie die Arbeitsvorgänge

Aufgaben, die sich ihren Weg durch die Spalten bahnen, sollten auch in Bearbeitung sein und nicht stillstehen. Vereinbaren Sie mit Ihrem Team also eine maximale Anzahl an Aufgaben pro Spalte, oder lassen Sie das Aufnehmen neuer Aufgaben nur dann zu, wenn eine andere Aufgabe bereits fertiggestellt wurde. Es gilt dem Team bewusst zu machen, dass Aufgaben, die in die Bearbeitung übergehen, schnellstmöglich fertiggestellt werden sollen, damit die Effizienz gewährleistet wird und keine unsinnige Überfrachtung der Spalten erfolgt.

Verwalten Sie den Workflow

Vereinbarte Begrenzungen müssen eingehalten und die Erledigung der Aufgaben sichergestellt werden. Beobachten Sie daher das Kanban Board akribisch. Wirken bestimmte Spalten immer überfüllt, müssen Sie dem Team aufs Neue bewusst machen, dass es nicht um die Anzahl angenommener Aufgaben geht, oder – wenn es sich um eine spätere Spalte handelt – herausfinden, warum es hier zu einer Stauung kommt. Falls die *Lead Time*, also die Zeit, bis eine Aufgabe die Spalten durchläuft, zu lange dauert, muss die Begrenzung oder der Arbeitsprozess hinterfragt werden, um den gewünschten Arbeitsfluss zu erhalten.

Stellen Sie klare Prozessregeln auf

Jede Methode benötigt klare und transparente Regeln, an die sich das Team halten muss. Sorgen Sie dafür, dass die Arbeitsabläufe, Verantwortlichkeiten und Deadlines keine Fragen offen lassen, und lassen Sie Ihr Team an der Verbesserung des Prozesses teilhaben. Bestimmen Sie gemeinsam die Grundsätze, nach denen sich die Arbeitsabläufe richten, und scheuen Sie nicht davor zurück, diese regelmäßig zu challengen und zum Wohle der Optimierung anzupassen.

Nehmen Sie Feedback auf

Die Verbesserung von Prozessen gelingt nur durch das Besprechen und Hinterfragen ebenjener. Halten Sie deshalb regelmäßige Meetings mit Ihrem Team ab, um deren Meinung, Verbesserungsvorschläge und Probleme hinsichtlich des Prozesses mitsamt seinen Regeln einzuholen. Spannen Sie auch Ihre Kunden mit ein, die auf Probleme mit dem Produkt oder Mängel hinweisen können. Oftmals kann hierdurch die Fehlerquelle identifiziert und der Workflow (z. B. durch eine zusätzliche Testspalte oder das Einräumen von mehr Zeit) optimiert werden.

Sorgen Sie für kontinuierliche Verbesserung

Auch für Arbeitsprozesse gibt es keine allgemeingültige Blaupause, mit der jede Organisation oder jedes Team das Optimum herausholen kann. Mit Kanban wird kontinuierliche Verbesserung angestrebt und dies bedeutet auch, dass Sie und Ihr Team gemeinsam neue Möglichkeiten und Ideen testen sollen, die solch eine Verbesserung unterstützen. Dabei kann es sich z. B. um die Anpassung des Boards, das Zuweisen eines neuen Arbeitsschritts oder die Kombination mit einer anderen Methode handeln.

Das Kanban Board selbst stellt sich grundsätzlich wie folgt dar, wenngleich das Wording und einzelne Spalten je nach Team oder Aufgaben natürlich variieren können:

- **Backlog**: In der linken Spalte werden die Aufgaben vermerkt, die neu hinzukommen und noch zugewiesen werden müssen.
- **Priorisiert**: Die Aufgaben werden entsprechend ihrer Priorität gekennzeichnet.
- **In Arbeit**: Hier stehen die Aufgaben, die aktuell bearbeitet werden.
- **Fertig**: Die erledigten Aufgaben werden in diese Spalte verschoben.

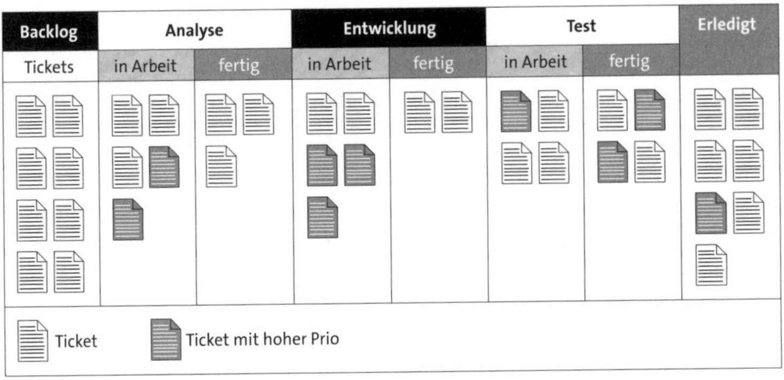

Abbildung 3.31 Kanban-Methode

Wie in Abbildung 3.31 sichtbar, können die Aufgaben bis zu ihrer ganzheitlichen Fertigstellung auch Schritt für Schritt verschiedene Bearbeitungsstationen (Analyse/Entwicklung/Test) durchlaufen. Sie können auch das Backlog z. B. in *Neu* und *Priorisiert* aufteilen, sodass sich nur um die Aufgaben gekümmert wird, die bereits eine Priorisierung – die ebenfalls genauer definiert werden kann – erhalten haben. Zudem kann es sich anbieten eine zusätzliche Spalte (z. B. *Pausiert*) einzurichten, in die Aufgaben verschoben werden, die aus irgendeinem Grund nicht fortgeführt werden können.

Agiles Arbeiten mit Scrumban

Die Scrumban-Methode wurde ursprünglich dafür entwickelt, Teams den Übergang von Scrum zu Kanban oder vice versa zu erleichtern. Verfügen Ihre Teams jedoch teilweise oder umfassend über Kenntnisse beider Arbeitsweisen, kann es sich auszahlen, beide Methoden zu kombinieren:

Elemente aus Scrum und Kanban, die genutzt werden:

- Priorisierung der Aufgaben
- visuelle Darstellung der Aufgaben und des Prozesses auf einem Kanban Board
- gemeinsame Definition of Done
- klares Backlog, aus dem die Aufgaben gezogen werden
- Begrenzung der Aufgaben
- regelmäßige Prozessiterationen nach Sprintende

Alleinstellungsmerkmale von Scrumban:

- Im Sinne der Flexibilität sind keine klaren Deadlines erforderlich. Ihre Teams sollen sich nur auf die Aufgaben innerhalb des gesetzten Sprints konzentrieren.
- Ihr Team soll sich vollkommen selbst verwalten, was bedeutet, dass es keine Teamhierarchie gibt und alle Beteiligten über Entscheidungskompetenzen verfügen.

All dies soll dafür sorgen, dass Ihr Team einer strukturierten Arbeitsweise folgt, die auf Sprints und Feedbackschleifen baut, und gleichzeitig größtmögliche Flexibilität bei der Erledigung der Aufgaben erhält, indem die Visualisierung und Übersichtlichkeit der Arbeitsabläufe auf Boards gewährleistet wird.

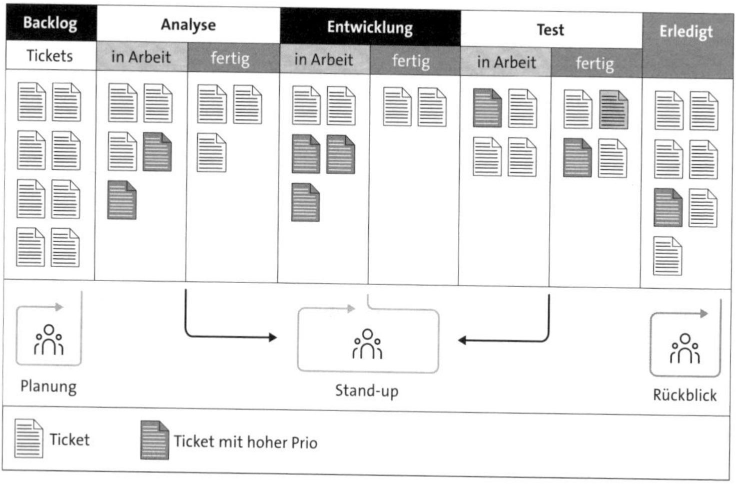

Abbildung 3.32 Scrumban

Für die Umsetzung von Scrumban halten Sie sich an die folgenden Grundsätze:

Erstellen Sie ein Scrumban Board

Wie in Kanban gilt es ein Board zu erstellen, das die Phasen des Prozesses in Spalten gliedert. Hierbei kann entschieden werden, ob sowohl der Product Backlog als auch der Sprint Backlog als Startelemente dienen oder ob nur der Sprint Backlog genutzt wird. Sofern klare Regeln verabredet wurden, sollten beide Backlogs implementiert werden, sodass das Team regelmäßig den Fortschritt überprüfen und bei offenen Kapazitäten Product-Backlog-Elemente aufnehmen kann, die dem Sprintziel dienlich sind.

Begrenzen Sie die Arbeit

Ähnlich wie bei Kanban sollten Sie Begrenzungen festlegen, um den Workflow aufrechtzuerhalten und Überlastungen zu vermeiden. Wenn Ihr Team nur ein Sprint Backlog verwendet, kann dies bereits einer Überfüllung entgegenwirken. Jedoch kann auch unmissverständlich vor jedem Sprint festgelegt werden, wie viele Karten sich in einer bestimmten Phase befinden dürfen und somit, ab wann Aufgaben aus dem Product Backlog nicht mehr in den Sprint überführt werden dürfen.

Priorisieren Sie die Aufgaben

Ohne klare Hierarchie sollten Sie gemeinsam mit den Teammitgliedern bestimmen, welche Aufgaben für das Produkt bzw. die Zielerreichung am wichtigsten sind. Dabei müssen sich alle Mitglieder aktiv am fortlaufenden Priorisierungsprozess beteiligen und ihrer Verantwortung bewusst sein, um eigenständige Entscheidungen während des Sprints treffen zu können.

Halten Sie Dailys ab

Machen Sie tägliche Stand-up-Meetings zur Pflicht, um Aufgaben zu schärfen, zu verteilen, zu priorisieren und die Arbeitsbelastung zum Vorschein zu bringen. Jeder muss über den aktuellen Stand informiert sein und sich einer Aufgabe verschreiben. Hierbei kann auch besprochen werden, wo ein Mitglied unter Umständen Unterstützung braucht, ob weitere Aufgaben inkludiert werden können und inwiefern das Sprintziel in Reichweite ist oder ob Anpassungen erfolgen müssen.

Tipps und Tricks

- Klare Regeln sprechen nicht gegen Flexibilität. Helfen Sie Ihrem Team, Abläufe zu befolgen und die Methodiken durch gesammelte Erfahrungen zu verbessern.
- Halten Sie sich an Dailys und regelmäßige Präsentationen, um das Team in der Spur zu halten und das Commitment zu stärken.

- Scheuen Sie sich nicht davor, verschiedene agile Methoden zu kombinieren, wenn Ihr Team dadurch besser fährt.

3.5 Tools, die Ihnen die Arbeit erleichtern

Der Einsatz von Softwaretools bietet Ihnen eine Vielzahl von Erleichterungen, die dazu beitragen, Prozesse zu rationalisieren sowie die Organisation, Kommunikation, Zusammenarbeit und die Gesamteffizienz des Projekts zu verbessern.

Bevor Sie jedoch mit der Tool-Auswahl starten, sollten Sie sich zunächst immer mit Hilfe einer Matrix einen Überblick über den Ist-Zustand, den Projektumfang, -kontext und die Projektanforderungen verschaffen, um den wirklichen Bedarf zu definieren.

Dabei sollten Sie sich die folgenden Fragen stellen:

- **Was für eine Regulatorik liegt vor?**

  Wenn Sie in Deutschland agieren, ist es Voraussetzung, dass Sie sich an die bestehenden Richtlinien und Datenschutzgesetze halten. Das heißt, dass Ihre Daten – vor allem wenn es sich um personenbezogene Daten handelt – nur auf deutschen bzw. europabasierten Servern laufen dürfen. Datenübermittlungen in Drittländer bzw. allgemein ins Ausland sind zwar nicht grundsätzlich verboten, müssen aber auf Ausnahmen geprüft werden und DSGVO-konform sein.

- **Welche Tools sind intern bereits vorhanden?**

  In den meisten Unternehmen gibt es heutzutage eine vorhandene Toollandschaft, die Ihrem Projekt dienlich sein kann. Diese sollte initial geprüft und hinsichtlich Ihres Bedarfs evaluiert werden. So haben viele Unternehmen z. B. Office 365 implementiert, dessen Werkzeugkatalog wahrscheinlich schon einen Teil Ihrer Anforderungen abdeckt.

- **Mit welcher Projektdauer wird geplant?**

  Die Länge des Projekts sollte die Tool-Auswahl ebenfalls beeinflussen, denn Sie wollen schließlich sichergehen, dass Ihr Werkzeug auch die komplette Projektdauer überlebt. Natürlich hat niemand eine Glaskugel, aber bei großen und viel genutzten Tools, z. B. aus der Microsoft-

Landschaft, ist im Gegensatz zu kleinen oder auch frei erhältlichen Tools die Wahrscheinlichkeit höher, dass sie kontinuierlich weitergenutzt werden können und nicht einfach morgen vom Markt verschwinden.

- **Welche Tools sind bereits akzeptiert?**

  Das Thema Akzeptanz spielt bei jeder Technologie eine Rolle. Wenn im Unternehmen bereits Tools eingesetzt werden oder wurden, sollten Sie diese auf ebenjene Akzeptanz prüfen. Falls Mitarbeiter sowieso schon über Probleme mit einem Tool klagen oder dessen Features bemängeln, gilt es, diese auch zu adressieren und Lösungen zu finden. Gleichzeitig sollte wenn möglich auf die Tools gesetzt werden, mit denen die Beteiligten bereits positive Erfahrungen gemacht haben und gerne arbeiten.

- **Wo herrschen Gaps?**

  Definieren Sie klar, für welche Anforderungen Sie eine Unterstützung durch Tools brauchen und inwiefern Sie diese mit Bordmitteln auffangen können. Wenn Sie klare Gaps identifizieren – möglicherweise fehlt es an einer Sprint- oder Dokumentations-Software –, dann nutzen Sie Ihren Handlungsrahmen, um neue Software bereitzustellen, oder überzeugen Sie die verantwortlichen Personen von dem aufgedeckten Bedarf, der über den Erfolg oder Misserfolg des Projekts entscheiden könnte.

- **Welche Nutzerrollenprofile müssen adressiert werden?**

  Gewisse Rollen müssen auch Zugriff auf bestimmte Datenstränge haben. Diese Berechtigungen gelten auch hinsichtlich der eingesetzten Software und Systeme. Bestimmen Sie deshalb die Ebenen und Zugriffsrechte, in denen Datenschutz und Vertraulichkeit zumeist von der Organisation aus höher gewichtet werden, und definieren Sie, welcher Personenkreis welche Daten im Projektkontext bekommen soll und darf.

- **Wer ist der Nutzer?**

  Nutzer ist nicht gleich Nutzer, wenn es um den Umgang mit Tools geht. Als Projektmanager sollen Sie in erster Linie sicherstellen, dass die Tools richtig eingesetzt werden und mit ihnen gearbeitet wird, um angestrebte Ziele zu erreichen. Ein Product Owner hingegen muss aktiv mit dem Tool arbeiten und z. B. Stories aufsetzen und einpflegen, und ein Entwickler zieht sich aus dem Tool die Aufgaben, die er zu bearbeiten hat. Sie sollten daher klar definieren, welche Akteure mit dem Tool in Berührung kommen und wie sie das Tool für ihre Arbeit nutzen sollen.

Seien Sie sich immer dessen bewusst, dass Tools auch verwendet werden wollen. Aber nur weil Tools vorhanden sind, heißt dies noch lange nicht, dass sie Ihnen auch tatsächlich dienlich sind. Verstehen Sie den Gesamtkontext und nutzen Sie alle Ihre gesammelten Informationen zu Umfang, Anforderungen, Nutzern und Zielen, um die Toolarten zu identifizieren, die Sie für eine effiziente und planmäßige Umsetzung benötigen. Controlling oder Zeit-Tracking laufen hierbei meistens über Prozesse des Unternehmens, weswegen es wichtig ist, initial alle Bestandsprozesse zu überprüfen. Welche Prozesse können direkt übernommen werden oder wo macht es tatsächlich Sinn, einen Prozess neu aufzusetzen?

Sie sind dafür verantwortlich, geeignete Tools zu platzieren sowie deren Verwendung und Akzeptanz zu gewährleisten. Will ein Tool einfach nicht funktionieren – sei es aufgrund der Akzeptanz oder mangelnder Zweckdienlichkeit –, müssen Sie auch in Aktion treten, und zwar schnellstmöglich. Verfügen Sie über den notwendigen Handlungsraum, ein Tool zu ändern bzw. zu wechseln, dann nutzen Sie diesen auch. Wenn nicht, sprechen Sie mit den verantwortlichen Personen über mögliche Lösungsansätze, bevor sich die Hemmnisse massiv auf den gesamten Projektfortschritt auswirken.

Da der Anbietermarkt immer weiterwächst und das vermeintlich beste Tool morgen schon wieder veraltet sein kann, wollen wir Ihnen hier eine kleine Sammlung spezifischer Tools aufzeigen, mit denen wir bereits Erfahrungen gemacht haben und die – zumindest zum Zeitpunkt der Bucherstellung – bei vielen Unternehmen im Einsatz sind. Vor allem aber sollen sie Ihnen als Startpunkt dienen, um einen Einstieg in die Tool-Welt zu finden.

Projekt- und Task-Management-Tools:

Tools zur Planung, Verfolgung und Verwaltung von Projektaufgaben

- Jira
- Asana
- Wrike
- Trello

Kommunikations-Tools:

Pattformen für jegliche Kommunikationsart (Besprechungen, Chats etc.)

- Slack
- Teams

Zeit-Tracking-Tools:

Software rund um Zeiterfassung und Zeitmanagement

- Harvest
- Toggl

Risikomanagement-Tools:

Tools zur Identifizierung, Nachverfolgung und Analyse von Risiken

- RiskyProject
- Risk Register

Kollaborations- und Dokumentations-Tools:

Programme, die die Teamarbeit und Projektdokumentation vereinfachen

- Google Docs
- Microsoft Office 365
- Confluence
- ConceptBoard

Reporting-Tools:

Tools zur Zusammenführung, Visualisierung und Analyse von Daten

- Tableau
- Power BI

Zum Schluss sei noch gesagt, dass es sich ebenfalls lohnt, immer seinen Blick nach vorne zu richten. Dies bedeutet, darauf zu achten, wie sich Tools entwickeln – sei es beim Thema Features, Datenschutz oder Verfügbarkeit. Der Markt dreht sich nahezu kontinuierlich und immer schneller, weswegen bald erscheinende Neufunktionen u. U. den Verzicht auf ein zusätzliches Tool erlauben oder die bereits im Unternehmen genutzte Software aufwerten. Gleichzeitig kann aber auch der bevorstehende und in diesem Metier nicht unübliche Aufkauf einer Softwarefirma mit dem Abgesang des angebotenen Tools oder mit einer Anpassung der Datenschutzrichtlinien einhergehen. Bleiben Sie also am Ball und informiert über jedwede Veränderung, die sich auf Ihre angewandten oder angedachten Tools auswirken kann.

Tipps und Tricks

- Verfallen Sie nicht in einen Kaufrausch, sondern evaluieren Sie, welche Tools einen tatsächlichen Mehrwert für eine effiziente Projektumsetzung bieten.
- Nutzen Sie eine Matrix, um den Projektkontext herauszuarbeiten, der sich aus Anforderungen, Umfang, internen Prozessen und dem adressierten Nutzerkreis ableitet.
- Behalten Sie die Entwicklung von Tools im Auge, um anstehende Features oder Veränderungen in Ihre Überlegungen mit einzubeziehen.

Kapitel 4

Fallbeispiele

Eine Auswahl an Projekten, die wir in den vergangenen Jahren unterstützend oder federführend begleiten durften, um nun mit Ihnen unsere gesammelten Erfahrungen und gemeisterten Herausforderungen innerhalb digitaler Vorhaben zu teilen.

4

In diesem Kapitel wollen wir den theoretischen Teil hinter uns lassen und Sie nun mit auf unsere persönliche Reise sowie die Reise unseres Unternehmens durch die Welt des Projektmanagements nehmen. Die vorgestellten Projekte reichen von reinen *Redesigns* und Innovationsprojekten bis hin zu komplexen Infrastruktur- und Transformationsvorhaben und sollen Ihnen sowohl beispielhaft die umfassenden Tätigkeiten im Projektmanagement-Kosmos in der Praxis aufzeigen als auch einen Einblick in unsere tägliche Arbeit liefern.

Dabei geht es uns nicht darum, vergangene Erfolge in den Vordergrund zu rücken, sondern in erster Linie unseren Fokus auf die gesammelten Erfahrungen und gemeisterten Herausforderungen zu legen, die unsere heutige Expertise widerspiegeln und die Ihrige hoffentlich erweitern.

Was Sie hier erwartet

- **4.1 Transformation der Arbeitsweise eines Telekommunikationskonzerns – von Wasserfall zu agil**

  Wie es gelang, einen Konzern aus seinen silohaft organisierten Strukturen zu befreien und agile Arbeitsweisen einzuführen.

- **4.2 Redesign einer Enterprise-Resource-Planning(ERP)-Software**

  Redesign einer Software, deren Nutzerführung und Look and Feel nicht mehr den Anforderungen entsprach.

- **4.3 Aus vielen Programmen mache eins!**
  Wie die Funktionalitäten unzähliger Software in ein universales System überführt wurden.
- **4.5 Stufenweise Portale vereinen**
  Die Zusammenführung unterschiedlicher Unternehmen in einem System.
- **4.6 Eine Shop-Software in die Spur führen**
  Wie es gelang, der stockenden Entwicklung einer Shop-Software wieder neues Leben einzuhauchen.
- **4.7 Strategisches Kompetenzmanagement im Konzernkontext**
  Wie das Rollen-Rechte-Prinzip durch ein MVP und den Zugriff auf die Bestandsinfrastruktur durchdrungen werden konnte.
- **4.8 Komplexitätsreduktion eines Consumer- und IT-Systems**
  Wie Komplexitäten durch Feature-Reduktionen und Feedback aufgelöst werden können.
- **4.9 Komplettaufbau eines Carsharing-Systems als Innovationsprojekt**
  Ein umfassendes Innovationsprojekt von gesellschaftlichen Ausmaßen.

4.1 Transformation der Arbeitsweise eines Telekommunikationskonzerns – von Wasserfall zu agil

Zum Auffrischen – die wichtigsten Aspekte, die das Projekt umfasste

- Der Glaube an eine Vision. *Siehe Abschnitt 3.3.2*
- Projektrollen und ihre Verantwortlichkeiten. *Siehe Abschnitt 2.7*
- Die Roadmap als Startpunkt. *Siehe Abschnitt 2.5 und Abschnitt 3.2.1*
- Anforderungen definieren. *Siehe Abschnitt 2.12 und Abschnitt 3.1.6*
- Low Hanging Fruits identifizieren. *Siehe Abschnitt 3.2.4*

- Agiles Arbeiten in Sprints. *Siehe Abschnitt 1.1.2 und Abschnitt 3.4.3*
- Verbindlichkeit durch Management Reports. *Siehe Abschnitt 3.2.3*

Dass eine Vision und der Wille, digitale Projekte umzusetzen, zwar den notwendigen Startpunkt einer Transformation bilden, aber gerade innerhalb eines Konzerns oftmals nur schwer in die richtige Spur zu bringen sind, musste auch ein Unternehmen aus der Telekommunikationsbranche erleben. Damit eine Plattform nachhaltig und sinnvoll von der Idee bis wirklich vor Kunde entwickelt werden konnte, wurde eine Taskforce aufgerufen, die im Sinne der agilen Entwicklung neue Prozesse definieren und ein crossfunktionales Modell der Zusammenarbeit gestalten sollte, um digitale Projekte umzusetzen. Ein Vorhaben, das auf dem Papier initial recht einfach klingt, aber vielerorts schnell chaotische Zustände mit sich bringen kann – so auch hier. Ohne klaren Fahrplan wurde von allen Seiten versucht, Aufgaben zu definieren und Anforderungen festzuhalten, was natürlich zu einem regen Austausch führte, jedoch nur eine Folge kannte: Es verging viel Zeit, aber es gab keine Ergebnisse.

Nach einem knappen halben Jahr konnte die mit viel Zuversicht gestartete Initiative bereits als so gut wie gescheitert betrachtet werden – ein Projektverlauf, der vielen Konzernen bekannt vorkommen sollte, die den Sprung aus silohaft organisierten Strukturen, die bislang nach der Wasserfall-Methode arbeiten, zu einer agilen Arbeitsweise schaffen wollen. Doch wenn man an seine Vision glaubt, muss man sich mit einem Fehlschlag ja nicht zufriedengeben. Und so wendete sich der Telekommunikationskonzern an uns und fragte, ob wir uns sein Vorhaben mal anschauen könnten – ob wir eine Idee hätten, wie man so etwas aufstellen könnte, und ob wir eine Chance sähen, eine Neustrukturierung und -ausrichtung zum gewünschten Erfolg zu führen?

4.1.1 Der Startschuss – wenige Hauptverantwortliche für ein gemeinsames Was

Es mag vielleicht komisch klingen und gerade im agilen Kontext, der durch flache Hierarchien und Eigeninitiative geprägt sein sollte, wirkt es für viele wie ein Schritt in vergangene Zeiten. Aber in der Binsenweisheit *viele Köche verderben den Brei* steckt auch bei digitalen Projektvorhaben etwas Wahres – vor allem, wenn damit ein Change-Prozess angestrebt werden soll.

Zunächst bestimmten wir deshalb die Hauptverantwortlichen – sozusagen die Chefköche – der Taskforce. Erstens: einen Lead Product Owner, der sich global auf Produktseite verantwortlich zeichnet und die Hoheit über das Projekt hat. Zweitens: einen modernen Projektleiter, der die Gesamtkoordination und die Stakeholder managt. Drittens: einen Verantwortlichen, der über die notwendige Expertise verfügt, wie eine Arbeitsweise mit agilen Arbeitsmethoden und digitalen Prozessen aufgebaut und geformt werden kann.

Nachdem die drei Hauptverantwortlichen der Taskforce, die das Managementteam bildeten, bestimmt wurden, ging es auch sogleich an die Themen, die auf der Agenda stehen mussten. Dazu zählten sowohl Kampagnen und Optimierungen als auch rein technische Themen wie Infrastrukturprojekte, neue Shopsysteme oder das Warten und Weiterentwickeln von Systemen, die schlicht notwendig sind, um konkurrenzfähig zu bleiben.

Hat man diese Mixtur aus verschiedenen Themen erstmal auf dem Tisch, kann die Grobplanung starten und das *Was* geklärt werden: Was will ich erreichen? Dabei geht es noch nicht um das *Wie*, um das Aufmalen einer fixen Lösung. Diese soll schließlich im Laufe des Prozesses entwickelt werden. Am Anfang stand daher das Definieren einer Roadmap und das Aufschlüsseln der Meilensteine inklusive Low Hanging Fruits, denn ohne einen halbwegs klaren Auftrag braucht man erst gar keine Initiative zu starten. Erst wenn wir die Meilensteine auf Basis der unternehmerischen Ziele sowie die Prioritäten, Kapazitäten und Verfügbarkeiten kennen, können wir uns damit beschäftigen, wie wir uns aufstellen müssen, um am besten und in den ausgewiesenen Zeitrahmen arbeiten zu können.

4.1.2 Die Herausforderungen – von Silodenken und Management-Skepsis

Die Frage nach dem *Wie* – Wie gehen wir jetzt vor? Welches Handwerkszeug und welche Tools brauchen wir? – stellt bei einem auf alten Strukturen aufgebauten Konzern natürlich eine massive Herausforderung dar, die viel Moderation und Offenheit verlangt, damit dieses *Wie* nicht in der Versenkung verschwindet. Für viele Menschen, die zuvor nur Wasserfall kannten, ist agil ein schwieriges Thema, auf das man sich selten direkt einlassen kann. Dass alles schon irgendwie seinen Lauf nimmt, neue Dinge nicht infrage gestellt werden und die Menschen nach dem Motto »die werden dann schon sehen, dass es besser klappt« einfach mal machen sollen, ist eher pure Wunschvorstellung des Managements denn Realität.

Dabei ist das Agile selbst selten das Grundproblem. Häufig geht es nicht um den möglichen Mehrwert agiler Methoden, sondern um die allgemeine Umsetzung eines Projekts und die etablierte Erwartungshaltung an den Projektabschluss. Machte die vorherrschende Managementstruktur bereits Wasserfall-Vorhaben oftmals zunichte, da die Endergebnisse nicht zufriedenstellend waren, warum sollte dann nicht auch das Gleiche unter Einsatz agiler Methoden passieren? »Letztendlich können wir noch so crossfunktional mit Unterstützung einzelner Experten arbeiten – wenn am Ende ein Ergebnis steht, das dem Management nicht passt, wird das Projekt sowieso abgeschossen.«

Diese Skepsis beruht auch auf einer Art Selbstbetrug, der frühere Wasserfall-Projekte durchzog und eng mit der initialen Zieldefinition verwoben ist. Es war und ist leider noch immer der Fall, dass große Wasserfall-Projektstränge so aufgebaut werden, dass von Anfang an jeder realisiert, dass das vermeintlich klar gesteckte Ziel nur ein provisorisches ist. Die Projektteilnehmer haben sich also einem definierten Ziel verschrieben, obwohl sie wussten, dass sich daran auf der Strecke noch vieles ändern wird und es dadurch von vornherein in unerreichbare Ferne rückt. Dieses konditionierte Vorgaukeln eines erfüllbaren Endziels wird somit auf jegliches Vorhaben übertragen, weswegen in digitalen Projekten noch viel mehr Wert auf eine klare Zielsetzung für alle Beteiligten und Scoping-Definitionen gelegt werden muss.

Des Weiteren war die Arbeitsweise im Telekommunikationskonzern nicht nur von Wasserfall-Methoden geprägt, es herrschte auch ein gewisses Silodenken vor, das die Sinnhaftigkeit der Arbeit in crossfunktionalen Teams gerne untergräbt. Es ist schließlich nicht ungewöhnlich, dass Projekte anlaufen, von denen gewisse Silos im Prinzip nichts haben. Zwar gab es Infrastrukturprojekte, die sich auf das genutzte System oder die Ausfallsicherheit bezogen und somit offensichtlich für alle Abteilungen Vorteile bieten, aber grundsätzlich existierten zumeist Projekte mit messbaren Faktoren in Form von KPIs, die einen strikten Bezug zu einer bestimmten Abteilung hatten. »Wieso sollen wir vom Online-Vertrieb uns in ein Infrastrukturprojekt setzen, wenn wir dadurch im Endeffekt nicht ein Stück mehr oder weniger verkaufen?«

Diese Haltung wurde teilweise noch verschärft durch den ersten Versuch, Weekly-Meetings einzuführen, bei denen alle Headofs aus den verschiedenen Abteilungen eingeladen wurden. Ohne klare Verbindlichkeiten wurden hierzu jedoch Vertreter geschickt, die selten in ihrer Meinung hinsichtlich der Bedürfnisse und Anforderungen ihrer Abteilung übereinstimmten und sich ebenso wenig abgestimmt hatten. »Da kann man sich schon vorstellen, wie das abläuft: Diese Woche ist X aus Abteilung Z da und vertritt seine Ideen, nächste Woche ist Y aus der gleichen Abteilung präsent und kommt mit ganz anderen Dingen um die Ecke.« Eine Lösung für all diese Interessenskonflikte – sowohl zwischen den Silos als auch innerhalb einzelner Abteilungen – zu entwickeln ist daher eine Frage des *Wer*: Wer nimmt in welcher Konstellation welche Rolle und Verantwortungen ein?

4.1.3 Das Vorgehen – der Sprint zu schnellen Ergebnissen

Um einigen dieser Herausforderungen direkt zu begegnen, mussten wir innerhalb kürzester Zeit einen Arbeitsmodus und einen Rahmen schaffen, der schnellstmöglich auch Ergebnisse liefert. Wir entschieden uns dafür, in zwei parallel laufenden zweiwöchentlichen Konzeptionssprints zu arbeiten, die wöchentlich abwechselnd stattfanden. Die Überlegung dahinter: Wenn wir es schaffen, jede Woche immer einen Sprint auslaufen und wieder neu starten zu lassen, sollten auch jede Woche sichtbare Ergebnisse herauskommen. Dies erforderte natürlich eine umfassende Ressourcenplanung, um die Teamzusammensetzung sowie den Aufwands- und Kapazitätsbedarf auszuloten, die für die zweiwöchige Durchführung des jeweiligen Projekts notwendig waren.

Die Sprints selbst wurden dabei so aufgebaut, dass wir zu jedem Sprintstart oder Refinement einen Workshop veranstalteten, um gemeinsam die Anforderungen, den Scope und das Ziel zu definieren. Gemeinsam bedeutete in diesem Zusammenhang, dass es neben dem Managementteam, der Taskforce, auch immer einen Product Owner innerhalb eines Sprints gab und alle Stakeholder, die zuvor einzelne Silos waren, stets einen dedizierten Verantwortlichen stellten. So konnten die verschiedenen Abteilungen nicht wahllos Stellvertreter benennen, sondern schickten je einen Verantwortlichen, der über den gesamten Sprintzeitraum als Teil des Kernteams fungierte.

Anforderungen, Scope und Ziel wurden im Start-Workshop anhand von Tickets festgehalten, definiert und dokumentiert, damit sich alle gegenseitig das Commitment gaben, den Sprint unter den ausgearbeiteten Bedingungen verbindlich durchzuführen. Zum kontinuierlichen Austausch und für die Fortschrittsüberwachung umfasste das Stakeholdermanagement neben Dailys für die umsetzenden Projektteilnehmer auch Weeklys für die verantwortenden Stakeholder sowie grundsätzliche Management Reports, die zur Halbzeit und zum Ende des Sprints verschickt wurden. Wobei das Sprintende gleichwohl einen Präsentationstermin enthielt, bei dem die Ergebnisse vorgestellt wurden und die gesammelten Erfahrungen in die nächste Iteration überführt werden konnten. So schafften wir es, ein komplettes Konstrukt aus Rahmenbedingungen und zielführenden Arbeitsweisen aufzubauen, dessen Sprints vom Start weg erreichbare und harte Ergebnisse lieferten, die über die Roadmap verankert waren.

4.1.4 Die Transformation – Commitment, Wir-Gefühl und eine klare Zieldefinition

Der Weg zu crossfunktionalen Teams bedingt den Verzicht auf siloartige KPIs und Ziele – was natürlich einfacher gesagt als getan ist, da sich die meisten Teams unglaublich schwer mit der Zieldefinition, mit diesem *Was* tun. Wie auch bei unserem Telekommunikationskonzern müssen in den meisten Organisationen Leute aus verschiedenen Abteilungen zusammengebracht werden, die mit unterschiedlichsten Backgrounds, Arbeitsweisen, Mindsets – und eben auch Was-Vorstellungen kommen. Es ist daher wenig verwunderlich, dass man bei der Transformation der

Arbeitsweise zunächst mit einem alles übertönenden *Ich* konfrontiert wird, das erst noch in ein *Wir* überführt werden muss. Aus einem »Ich als Online-Sales-Verantwortlicher will dies und das« soll schließlich zum Wohle des Projektvorhabens ein »Wir als Team verfolgen ein Ziel und arbeiten gemeinsam darauf hin« werden.

Dies kann nur gelingen, wenn dieses Ziel von allen getragen sowie gleich interpretiert wird und sich alle auf dieses *Was* committen. Dieses Commitment muss daher startend beim Management über alle Abteilungsgrenzen und von allen Stakeholdern eingeholt werden und tatsächlich verbindlich sein. Auf diese Weise kann kein Teilnehmer plötzlich von seinem Chef mit der Aussage »Das sind doch nicht die Ziele unserer Abteilung« zwischen den Abteilungs- und den Vorhabenzielen zerrissen werden, obwohl man sich auf operativer Ebene bereits auf das Was-Ziel geeinigt hatte.

Gleichsam muss die Beteiligung an der Erreichung des Gesamtziels auch den Abteilungen klargemacht werden, die darin zumindest kurzfristig überhaupt keinen Mehrwert für ihre eigenen Ziele erkennen. Um hierbei jedwedem Bereich zu verdeutlichen, dass ihr Input gefragt ist und weitreichendere Auswirkungen auf die Wertschöpfungskette hat, war es für uns unglaublich wichtig, je einen Mitarbeiter aus den verschiedenen Bereichen über die zweiwöchige Sprintdauer zu benennen und ihm klar zu verstehen zu geben: »Du bist Teil dieses Workshops, um die Anforderungen repräsentativ für deine Abteilung kundzutun. Du bist hier, um für eure Interessen einzustehen und um bei Meinungsverschiedenheiten Kompromisse zu finden. Du bist im Daily dabei, um nicht erst am Ende, sondern kontinuierlich Feedback zu geben und aufzuarbeiten, da du das Produkt mit aufbaust.«

Wir selbst – und wahrscheinlich auch viele andere Projektverantwortliche – fühlen uns hierbei nicht selten wie ein Schäfer, der vor der Herde vorausläuft und manchmal schreit, manchmal murmelt: »Rennt mir hinterher! Du machst das, das und das!« Und irgendwann ist es dann so weit, dass alle gemeinsam in den Stall laufen. Dieser Schäfer schart optimalerweise ein paar Helfer um sich, die Ausschau nach irgendwelchen Ausreißern halten, die wieder eingefangen oder beruhigt werden müssen, und denen man ein gutes Gefühl vermitteln muss, damit sie am Ende des Projekts tatsächlich in den Stall gehen.

Egal wie rational viele Dinge bei der Umsetzung eines Projektvorhabens scheinen: ohne Infrastruktur kein Verkauf, ohne verkaufte Stücke ist die Infrastruktur obsolet, ohne Wir-Gedanken keine Zusammenarbeit, ohne Ziel keine Klarheit. Der Projektmanager muss im Zusammenspiel mit den verantwortlichen Rollen vorangehen und als Forderer und Förderer zugleich fungieren – als Antreiber mit der notwendigen emotionalen Intelligenz, der die Leute um sich herum motiviert und positiv beeinflusst und als jemand, der das Commitment von allen Ebenen beansprucht. In unserer Taskforce wurde deshalb auch vorneweg das Commitment vom Management eingeholt, dass – wenn das Ergebnis eines Sprints da ist – die Expertisen auch wirklich berücksichtigt und gewürdigt werden. Wenn sich jeder in seinem Handlungsraum und mit seiner Befugnis bewegt, die vorher klar abgesteckt wurden, dann darf es schließlich auch kein »Nein, das passt nicht« vom Management geben.

Dies erfordert natürlich, dass ein zu lösendes Problem zum Sprintstart auch klar erkannt und die Anforderungen ebenso klar definiert werden. Für einen Aha-Moment, der die Wichtigkeit des Anforderungsmanagements verdeutlichte und viele vormals in Silos agierende Mitarbeiter auf den Boden der Tatsachen holte, sorgte daher auch beim Telekommunikationskonzern ein erstes Zusammentrommeln eines crossfunktionalen Teams. Im Workshop sollte jeder Stakeholderbereich bzw. jede Abteilung seine Anforderungen klar zu Papier bringen, und es wurde identifiziert, dass die *Onboarding-Journey*, die den ersten Eindruck einer Anwendung bzw. die Einführung in einen Prozess beschreibt, Probleme bereitet. Welche genau das sind, konnte jedoch niemand sagen. Und so wurden die Teilnehmer aufgefordert: »Wir machen diese Onboarding-Journey mal zusammen durch.« Was dabei zum Vorschein kam, dürfte einige unserer erfahreneren Leser nur wenig überraschen. Für gut 80 Prozent der Teilnehmer, von denen nicht wenige den Titel Product Owner in ihrer Berufsbezeichnung hatten, war dies das erste Mal, dass sie diese Onboarding-Journey vollzogen. Kurz gesagt: Sie haben das erste Mal die Kundenbrille aufgezogen, das erste Mal ihr Produkt von vorne bis hinten durchgespielt und das erste Mal ihr Produkt tatsächlich kennengelernt.

4.2 Redesign einer Enterprise-Resource-Planning(ERP)-Software

Zum Auffrischen – die wichtigsten Aspekte, die das Projekt umfasste

- Technische Herausforderungen eines Projekts. *Siehe Abschnitt 1.2 und Abschnitt 2.2.4*
- Das Aufstellen einer Aufwand-Nutzen-Matrix. *Siehe Abschnitt 2.4.5 und Abschnitt 3.2.4*
- Initialisierung durch einen Sprint Null *Siehe Abschnitt 3.4.3*
- Die Arbeit der Designer. *Siehe Abschnitt 2.7.4*
- Realen Nutzen identifizieren. *Siehe Abschnitt 2.11.1*
- Den klaren Bedarf herausarbeiten. *Siehe Abschnitt 3.4.1*

Mit dem visuellen Überarbeiten oder ganzheitlichen Neugestalten eines Services, Produkts oder des gesamten *Corporate Designs* müssen sich alle Unternehmen früher oder später auseinandersetzen – wenngleich es vermutlich ein gesundes Mittelmaß geben sollte zwischen Unternehmen, die im Halbjahrestakt ein Redesign anstreben, und solchen, die seit mehr als einem Jahrzehnt mit dem gleichen Design auffahren und nur hin und wieder inkrementelle Optimierungen vornehmen. Eine entwachsende Zielgruppe, eine ungenügende User Experience, das Verpassen technischer Entwicklungen oder schlicht veraltetes Design sind hierbei nur einige der Punkte, die einem Unternehmen aufzeigen sollten, dass es an der Zeit ist, sich mit einem Redesign zu beschäftigen.

Dass der Wunsch nach Erneuerung initial auf Nutzerseite und nicht im Unternehmen selbst auftaucht, ist hierbei eher Regel denn Ausnahme. Dies durfte auch ein Hersteller erfahren, der seine eigene *Enterprise-Resource-Planning(ERP)-Software* inklusive *Customer Relationship Management (CRM)*, Buchhaltung, Controlling und Verkaufsmanagement inhouse entwickelt und an zahlreiche Unternehmen vertreibt. Zwar waren alle Kunden mit den Funktionalitäten des Programms überaus zufrieden, doch gab es vermehrt Feedback dazu, dass sich vor allem das Onboarding neuer Mitarbeiter durch eine komplexe Nutzerführung und ein nicht mehr zeitgerechtes *Look and Feel* zunehmend schwieriger gestaltet. Es gab also einen – wenn man so will – Impuls von außen, der einen klaren Bedarf zur Modernisierung aufzeigte, um den Kunden weiterhin ein optimales Produkt zu liefern und sich den verändernden Marktanforderungen im Sinne der Wettbewerbsfähigkeit zu stellen.

4.2.1 Die Herausforderungen – der Umgang mit technischen Restriktionen

Bei der vertriebenen Software handelt es sich um eine native Windows-Anwendung, die vom Hersteller selbst vermarktet und bei Kunden installiert wird. Solch eine native Umgebung, bei der speziell für ein Betriebssystem entwickelt wird, stellt grundsätzlich im Vergleich zu einer webbasierten Anwendung, für die jedweder Browser zur Nutzung ausreichen sollte, weder mehr noch weniger Probleme dar. Sie enthält aber andere technische Herausforderungen, wenn es um den Spielraum geht, ein neues, modernes Frontend mit größtmöglichen Gestaltungsfreiheiten aufzusetzen. Bei einer Software auf Windows-Basis gibt es schlicht gewisse Konsistenzen und Vorgaben – z. B. das Aussehen eines Fensters oder der Menüleiste –, die es zu berücksichtigen gilt und aus denen nicht so einfach ausgebrochen werden kann.

Es war von Anfang an klar, dass man das Backend, also die Programmlogik, nicht neu entwickeln konnte und wollte. Genauso war aber auch klar, dass die technischen Restriktionen in Sachen Umsetzbarkeit und mangelnder Flexibilität es nicht ermöglichten, einfach ein neues Frontend bzw. User Interface für dieses mächtige und über die letzten Jahre extrem gewachsene System zu entwickeln, ohne Abermillionen in die Umsetzung zu stecken. Manche Elemente sind schlicht nur mit ganz großem Aufwand anzufassen und veränderbar, wodurch es umso wichtiger wurde aufzuschlüsseln, wie das Frontend nach einer klaren Aufwand-Nutzen-Matrix entwickelt werden kann, die sich an der bestehenden Systemlandschaft orientiert.

Die von technischen Restriktionen geprägten Rahmenbedingungen erlaubten es nicht, z. B. ein gesamtes Seitenlayout komplett auf den Kopf zu stellen, und erforderten somit, mehr oder weniger parallel eine Art

Übersetzungsleistung zu vollziehen. In dieser Übersetzung musste erkannt werden, für was ein bestimmtes Element – z. B. ein Button als *Call-to-Action (CTA)* – im alten System stand und wie dieses im neuen User Interface und Design aussehen sollte, sodass es in Echtzeit interpoliert und das neue Frontend darübergeschrieben werden konnte.

4.2.2 Der Startschuss – zwischen Mehrwert und Aufwand

Von Beginn an war jedem bewusst, dass das Redesign eines solch umfangreichen Systems nicht nur mit einer neuen Farbgebung einhergeht. Auch wenn es sogenanntes zeitloses Design gibt, geht es bei einer Neugestaltung nicht nur darum, seinem Auto eine neue Lackierung zu verpassen, sondern im Hinblick auf die Wettbewerbsfähigkeit auch auf die Konkurrenz zu schauen und z. B. zu definieren, ob die Spiegel des Autos nun nicht lieber eckig sein sollten, um den modernen Ansprüchen der Kunden zu entsprechen. Was lackieren wir neu? Wo müssen wir aus rund eckig machen? Oder kurz gesagt: Welcher Aufwand verspricht uns auch einen Mehrwert?

Um diesen Mehrwert aufzuspüren, wurde die vollfunktionsfähige Version, auf die ein neues Look and Feel übertragen werden sollte, auf Herz und Nieren geprüft und einer umfassenden Aufwand-Nutzen-Analyse unterzogen. In einem Sprint Null analysierten wir so auf Basis des Ist-Stands erste Seitentypen und schauten, in welche Richtung wir wollen und wie das neue Design aussehen soll. Dies beinhaltete auch, dass die im alten System vorhandenen Designelemente dokumentiert und nach dem *Atomic-Design-Prinzip*, dessen Organisationsansatz von den kleinsten Bestandteilen eines Designs zur Systementwicklung ausgeht, spezifiziert und neu konzipiert wurden.

Vorteilhaft war hierbei auch, dass der Hersteller zur kontinuierlichen Optimierung seiner Software bereits regelmäßig Sprints vollzog. Dadurch konnten die im Sprint Null erhaltenen einzelnen Bausteine sowie Designkonzepte direkt in die technische Umsetzung zur Überarbeitung weitergeleitet werden. Dies ermöglichte allen Beteiligten frühzeitig – im Verlauf des offiziell initialen Konzept- und Designsprints –, bereits einzelne Elemente in ihrer ersten Ausgestaltung zu sichten und neue Schlüsse für den Folgeverlauf des Umstylings zu ziehen.

4.2.3 Die Umsetzung – mit versetzten Sprints zu schnellen Ergebnissen

Der Erfolg versprechende Sprint Null in Kombination mit einer ersten technischen Umsetzung gab uns die Gewissheit, dass leicht versetzte Sprintstarts zwischen Konzeption und Entwicklung auch zu schnellen Ergebnissen führen sollten. Bedingung hierfür war aber, dass es je eine klare Verantwortlichkeit für die Konzeption und für die technische Umsetzung gab, die sich kontinuierlich miteinander abstimmen und eng vernetzt zusammenarbeiten. Zudem musste das Management mit eingebunden werden, um Entscheidungen darüber zu treffen, wo welche Mittel und vor allem Entwicklungsressourcen einfließen. Schlussendlich sollte die konzeptionelle Sicht das Management immer darüber informieren, welche Umsetzung Mehraufwand bedeutet und wo sich dieser Mehraufwand aber als lohnend erweisen sollte.

In den Sprints selbst wurden die Elemente immer weiter ausgearbeitet und in die einzelnen Screens übertragen. Dadurch, dass man bereits ein *Live-System* hatte, konnte man immer gewisse *User Journeys* und die damit verknüpften Aufgaben durchgehen, sie im alten System anschauen und die Reisen komplett durchkonzipieren. Unabdingbar war hierbei zudem, dass die Konzepter, die letztendlich die Konzeptionssprints mit begleiten, stets auch für die Implementierungsbegleitung in den technischen Sprints anwesend waren.

So konnte ein funktionierendes Modell aufgestellt werden, bei dem der Startschuss für einen zweiwöchigen Designsprint auch immer mit einer neuen Entwicklungs- und Implementierungsphase einherging. Auf die Ergebnisse im Entwicklungssprint konnte daher in der Konzeption aufgebaut werden, und gleichwohl konnten die Ergebnisse des Konzeptionssprints direkt in die Entwicklung einfließen. Auf diese Weise konnte alle zwei Wochen der Entwicklungsstand all dessen, was man konzipiert hatte, bereits in einem Prototyp bzw. im System begutachtet und neu analysiert werden.

4.2.4 Warum es nicht sofort um Perfektion geht

Wenn es um technische Restriktionen geht, ist es für einen Projektmanager natürlich wichtig, diese klar auf dem Schirm zu haben und nicht irgendwelche Luftschlösser zu bauen. Definieren Sie die Elemente, bei denen man von vornherein weiß, dass sie nicht umsetzbar oder mit einem viel zu hohen Aufwand verbunden sind, und benennen Sie alle technischen Restriktionen so detailliert wie möglich – am besten auch so früh wie möglich, um das Projektteam mit einzubeziehen und ihm klarzumachen, was die Leitplanken sind. Wo kann man sich bewegen? Was ist eher schwierig? Was sind die Low Hanging Fruits?

Der Umgang mit den technischen Restriktionen ist aber immer ein Kampf, der sich über das gesamte Projekt zieht. Um diesen zu gewinnen, müssen Sie nicht nur für eine enge Vernetzung zwischen Konzeptions- und Umsetzungsteam sorgen, die hier ebenfalls tägliche Abstimmungen unvermeidbar machte, sondern auch Kompromisse verorten, wo vielleicht zunächst keine ersichtlich sind. Unter Berücksichtigung aller Beteiligten wurde deshalb im Projektverlauf nochmal ein gemeinsamer Sprint im Workshop-Format geplant, bei dem evaluiert wurde, wo wir welche Gaps bzw. Lücken zwischen Konzept und Entwicklung haben und wie sich diese haben umsetzen lassen. Welche Sachen haben sich als schwierig entpuppt oder ließen sich nur in eine bestimmte Richtung auflösen?

Und vor allem: Wie können wir diesen Gap auflösen, damit es für den Nutzer zufriedenstellend ist und wir ein gutes Ergebnis haben? Die Antwort hierauf ist, einen Kompromiss zwischen Konzept und Umsetzung zu finden, der für alle Seiten gut und zielführend ist, ohne zusätzliche Kapazitäten zu verbrauchen, die oft mehr versprechen, als sie halten. Unzählige Projekte scheitern, weil sie nach Perfektion streben, nach den 100 Prozent. Viele vergessen hierbei, dass das Erreichen von 80 Prozent den meisten Nutzern und Unternehmen vollkommen ausreicht und das Beharren auf den letzten 20 Prozent nicht nur viel Geld verschlingt, sondern im Durchschnitt auch doppelt so viel Zeit in Anspruch nimmt wie die ersten 80 Prozent. Mit dieser eher rationalen Herangehensweise konnte auch der Softwarehersteller ein in die Jahre gekommenes Interface mit einem modernen Look and Feel versehen. Darüber hinaus konnte er seinen Kunden sogar neue *Branding-Möglichkeiten* anbieten, da die verschiedenen

Firmen der Software jetzt u. a. in der Farbgebung oder durch unterschiedliche Modi einen eigenen Stil geben können – und dies alles, ohne sich zu überstrecken und die Projektgrenzen zu sprengen.

4.3 Aus vielen Programmen mache eins!

Zum Auffrischen – die wichtigsten Aspekte, die das Projekt umfasste

- Die Notwendigkeit zur Veränderung. *Siehe Abschnitt 2.8.6*
- Technische Herausforderungen eines Projekts. *Siehe Abschnitt 1.2 und Abschnitt 2.2.4*
- Die Roadmap als Startpunkt. *Siehe Abschnitt 2.5 und Abschnitt 3.2.1*
- Anforderungen klar definieren. *Siehe Abschnitt 2.12 und Abschnitt 3.1.6*
- Projektrollen und ihre Verantwortlichkeiten. *Siehe Abschnitt 2.7*
- Agiles Arbeiten in Sprints. *Siehe Abschnitt 1.1.2 und Abschnitt 3.4.3*

Dass Software- oder IT-Projekte im Allgemeinen immer auch in gewissem Umfang als Infrastrukturprojekte zu bezeichnen sind, liegt in der Natur der Digitalisierung. Diese verlangt nach der systematischen Vernetzung von Ressourcen, um Synergien zu schaffen, die weit über die eingesetzten Technologien hinausreichen. Gleichzeitig bedeutet Digitalisierung, sich stets neuen Gegebenheiten anzupassen, Schritt für Schritt zielführende Transformationsprozesse einzuleiten und Wege zu finden, wie das, was ist, neugedacht und im besten Fall so nachhaltig wie möglich optimiert werden kann.

Wirklich nachhaltig und vernetzt zu denken war initial für Unternehmen, die schon weit vor der aufkommenden Digitalisierung als Akteure am Markt agierten und in ihren ersten Anpassungen an die neue Welt nicht auf einen umfangreichen Erfahrungsschatz bei Tools, Methodiken und Knowhow zurückblicken konnten. Doch gleichzeitig war es auch nahezu unmöglich: Software wurde und wird teilweise noch immer für einen bestimmten Geschäftsbereich gedacht, wodurch Konzerne oder Unternehmen, die über verschiedene Abteilungen verfügen oder ihre

Geschäftsbereiche ausweiten, oftmals über ein Sammelsurium an Technologien verfügen, die wenig Schnittstellen aufweisen und die übergreifende Zusammenarbeit eher erschweren denn erleichtern.

4.3.1 Die Ausgangslage – viele Programme überfordern die Nutzer

Bei einem Kreditinstitut hat sich im Laufe der Jahre eine Vielzahl an Softwareprogrammen angehäuft, um den einzelnen Geschäftsbereichen, die eine Universalbank auszeichnen, gerecht zu werden. Die meisten Mitarbeiter konnten sich zwar auf eine ihrem Bereich entsprechende Software als Hauptsystem einstellen, jedoch mussten sie je nach Geschäftsfall zwischen den verschiedenen Programmen wechseln – zwischen Programmen, die sich nicht nur im Hersteller unterschieden, sondern auch in ihrer Funktionalität und Benutzerführung.

Je umfassender das Softwareportfolio wurde, desto schwieriger wurde es auch, neue Mitarbeiter für die vielen Systeme zu schulen und gleichzeitig die Mitarbeiterzufriedenheit hochzuhalten. Der Mensch ist nun mal ein Gewohnheitstier und wenn er sich bei seiner Aufgabe immer wieder umorientieren und vergeblich nach gleichbleibenden Mustern suchen muss, kostet dies nicht nur Zeit, sondern auch Nerven. Das Kreditinstitut entschied sich daher dafür, die verschiedenen Programme in ein System zu bringen, das gleichzeitig die *Corporate Identity* des Unternehmens ausdrückt. Doch wie bekommt man die Funktionalitäten verschiedener Software, bei der jede für sich bereits mit einer gewissen Komplexität und unterschiedlichem Grundaufbau aufwartet, in ein universales System?

4.3.2 Die Analyse – was muss das neue System können?

Aufgrund der Gegebenheiten war es aus Projektmanagementsicht unausweichlich, im ersten Schritt eine umfassende Analyse durchzuführen und sich auf ein fixes Programm zu committen, das in der Lage ist, den Anforderungen aller bisher im Einsatz stehenden Programme gerecht zu werden. Dazu mussten Softwarearchitekten zunächst einmal die einzelnen Programme auseinandernehmen und auf ihre Funktionalitäten herunterbrechen. Welche Funktionen brauchen wir, damit die Mitarbeiter auch damit arbeiten können?

Gleichzeitig ging es aus User-Experience-Sicht auch direkt darum, die Mitarbeiter mit ins Boot zu holen und durch Interviews herauszufinden, ob es Punkte gibt, die bei den bisherigen Programmen gut oder nicht gut laufen und die man in die Optimierung einfließen lassen kann. Da es sich um den Aufbau eines komplexen und mächtigen Systems handelte, ging es hierbei frühzeitig um das Schließen von Kompromissen. Wo können wir Abstriche machen und welche Auswirkungen hängen hiermit zusammen? Welche Aufwände versprechen uns einen Mehrwert und welche würden nur Ressourcen und Mittel verschlingen?

Nachdem sich das Kreditinstitut auf das zu nutzende System einigte, mit dem die Umsetzung der bisherigen Programme aus technischer Sicht funktionieren sollte, ging es noch nicht in die eigentliche Auskonzeption. Da der gesamte Aufbau natürlich so modular wie möglich sein sollte, wurde auch hier erst ein Designsystem anhand von Atomic Design entwickelt, mit dem die einzelnen Elemente durchkonzipiert, durchgestaltet und fortlaufend weiterentwickelt werden konnten.

4.3.3 Die Herausforderungen – von Funktionalitäten und Komplexitäten

Die Funktionalitäten von mehr als einer Handvoll verschiedener Softwareprogramme in eine allumspannende Software zu überführen ist ein komplexes Unterfangen. Jede Software, die individuell für einen spezifischen Anwendungsfall konzipiert wurde, hat natürlich eine Reihe von Vorteilen gegenüber einer Universalsoftware, da sie ihren Fokus auf die Detailliertheit eines einzelnen Bereichs legen und nur diesen weiter optimieren kann. Sie müssen sich deshalb von vornherein darüber im Klaren sein, dass die Überführung nur mit Kompromissen und zwangsläufigen Abstrichen funktionieren kann.

Dies bedarf einer umfangreichen Analyse, die für sich genommen schon eine große Herausforderung darstellt. Allein die Budgetfreigabe für solch eine umfangreiche Analyse zu bekommen, gleicht einer Mammutaufgabe und erfordert viel Überzeugungskraft – vor allem, da bei solch einer Analyse nicht abgeschätzt werden kann, was tatsächlich dabei herauskommt. Im Optimalfall zeigt sie auf, dass das Vorhaben einfach zu bewerkstelligen ist. Im Normalfall zeigt sie eine Komplexität auf, die lösbar, aber mit gehörigem Aufwand verbunden ist. Und im schlechtesten Fall zeigt sie auf, dass das Vorhaben erst gar nicht gestartet werden sollte.

Zudem sollte das neue System auch ein gewisses Branding, eine Corporate Identity erhalten, damit die Software auch optisch u. a. hinsichtlich Logo und Farbgestaltung dem Look and Feel des Kreditinstituts entspricht und klar im Unternehmen verankert wird. Die für das Vorhaben ausgewählte Software individuell mit einem Frontend zu versehen war zu dieser Zeit aber gelinde gesagt nicht der gängigste Weg und erforderte das Einberechnen verschiedenster Restriktionen, die eine vollkommen freiheitliche Gestaltung behinderten.

4.3.4 Nach der Analyse ist vor dem Projekt

Erst nach der umfassenden Analyse und der Entscheidung für ein fixes Programm konnte eine Machbarkeitsstudie erfolgen und die Planung richtig beginnen, damit das eigentliche Projekt aufgesetzt werden konnte. Wie bauen wir die Software auf und welche Themen müssen wir dabei priorisieren? Wer kann das Projekt managen? Wer begleitet die Konzeption, um das angestrebte Look and Feel zu erlangen? Wie setzen sich Teams und Expertise zusammen?

Im Prinzip mussten alle Prozesse neu strukturiert werden. Agile Arbeitsweisen in Form von Sprints wurden implementiert, um die Grundentwicklung zu starten und eine erste Version des Programms zu erzeugen, welche die wichtigsten Funktionen vereint und von den Mitarbeitern im Unternehmen auch genutzt werden konnte. Grundlage der Projektplanung war hierfür eine ausgefeilte Roadmap, die einen klaren Weg aufzeigte, wie welche Meilensteine erreicht und welche Softwarepakete dadurch abgelöst werden können.

Da eine Software aber nicht einfach von allein läuft und ein solch komplexes System auch klar im Unternehmen verankert werden muss, ging es zudem direkt um den Aufbau interner Prozesse, die den Support, eine kontinuierliche Weiterentwicklung und den Wechsel von der Grundausrichtung zu einem Betriebsmodell gewährleisten. Wie gehen wir nach Version 1 in einen laufenden Prozess über? Wie stellen sich die Verantwortlichkeiten und Rollen der Teams dar? Was passiert bei Ausfällen? Welche Schulungsunterlagen benötigen unsere Mitarbeiter? Schlussendlich entwickelte sich aus einem Vorhaben, das für den ein oder anderen auf den ersten Blick wie ein reines Softwareprojekt aussah, ein riesiges Infrastrukturprojekt, das zehn Jahre Bestand haben sollte und schrittweise zu einer konzernübergreifenden digitalen Transformation führte.

4.4 Relaunch eines Kundenportals

Zum Auffrischen – die wichtigsten Aspekte, die das Projekt umfasste

- Zu viele Anforderungen verderben den Brei. *Siehe Abschnitt 2.12.3*
- Agiles Arbeiten in Sprints. *Siehe Abschnitt 1.1.2 und Abschnitt 3.4.3*
- Die Notwendigkeit zur Veränderung. *Siehe Abschnitt 2.8.6*
- Der Glaube an eine Vision. *Siehe Abschnitt 3.3.2*
- Klare Rollen und Verantwortlichkeiten. *Siehe Abschnitt 2.7*
- Durchblick dank Requirements Engineering. *Siehe Abschnitt 3.1.6*
- Den Rahmen setzen. *Siehe Abschnitt 2.6.3*

Stetiges Optimieren und Nachbessern sind Teil agiler Prinzipien und schlichtweg eine Notwendigkeit, wenn es darum geht, stets auf neu erwachsende Kundenanforderungen zu antworten und mit dem technologischen Fortschritt zu gehen. Sogenannte *technische Schulden*, die zum Beispiel entstehen, wenn Nachbesserungen zu kostspielig werden oder ein Produkt ohne Nachhaltigkeitsgedanken entwickelt wurde, können aber auch dazu führen, dass Optimierungsphasen irgendwann an ihre Grenzen stoßen. So auch bei einem Mobilitätsdienstleister, dessen Informations- und Entertainmentportal – das von einem IT-Dienstleister inhouse entwickelt worden war – langsam in die Jahre gekommen war.

Bei digitalen Bestandsprojekten ist es keine Seltenheit, dass man zu einem bestimmten Zeitpunkt nicht mehr an einer Rundumerneuerung vorbeikommt. Die Teams werden träge, die *Velocity* sinkt und im Endeffekt kommt in den Zyklen nichts mehr heraus, was dem Nutzer tatsächlich etwas bringt, weil nur noch im Bestand herumgetüffelt wird und jegliche Innovationskraft verloren geht. Kombiniert man dies mit einem unattraktiven Frontend, veralteter Technologie und fehlender *Barrierefreiheit*, liegt die Lösung recht schnell auf der Hand: Ein *Relaunch* muss her.

4.4.1 Die Ausgangslage – viele Anforderer, viele Features

In einem Großunternehmen oder Konzern wird dem Stakeholdermanagement eine noch umfassendere Rolle zuteil, da es unzählige Anforderer gibt, die oft unterschiedliche Interessen vertreten, und da die öffentliche Wahrnehmung weitaus höher gewichtet wird, als es bei kleineren oder regionaleren Unternehmen der Fall ist. Im Digitalen zeigt sich dies schnell in einer umfangreichen Feature-Liste, um den sich ansammelnden Wünschen und Anforderungen auch gerecht zu werden.

Im Projektvorhaben wurde deshalb auch schnell klar, dass sich die Entwicklung mit der schieren Masse an Features unglaublich schwertut bzw. kaum in die Gänge kommt. Der vermeintlich einfachste Weg lautet dann immer: »Wenn wir nicht alle Features in der Timeline schaffen, schmeißen wir eben Feature XY heraus, um sie zu erreichen.« Dies ist aber gefährlich und sollte im digitalen Kontext auch nicht notwendig sein, da das Produkt unter einem solchen Verdrängen von Features über kurz oder lang leidet.

Anstatt also Features einfach wegzuwerfen, entschieden wir uns initial für eine Neubetrachtung der Features und überlegten, an welcher Stelle wir mit einer Komplexitätsreduktion arbeiten können. Was sind die Grundfeatures und welche Kernanforderungen müssen diese erfüllen? Auf welche Details können wir im ersten Schritt verzichten? Dieses Verkleinern des Feature-Umfangs ist genauso üblich wie die stetige Optimierung im Agilen und bringt sogar einen entscheidenden Vorteil: Während des *Livegangs* kann getestet werden, wie der Kunde die Grundfunktionen aufnimmt und wie er gewisse Feature-Erweiterungen findet. Die fast weggeworfenen, nun aber zurückgestellten Features können so auf ihre Relevanz überprüft und in *Nachreleases* eingeplant werden.

4.4.2 Die Herausforderungen – der Change im Neuen

Zu sagen, man arbeitet agil, und wirklich agil zu arbeiten sind zwei Paar Schuhe. Dies traf in gewisser Weise auch auf die unterschiedlichen Teams des Mobilitätsdienstleisters zu, die in einer Methoden-Mixtur arbeiteten, die nicht sonderlich effektiv und eher als agiler Wasserfall zu bezeichnen war. Deshalb war es unabdingbar, sich ein klares Commitment von allen Beteiligten zu holen, dass verstärkt auf agile Methoden gesetzt wird und dass die Teams bei der Implementierung dieser Methoden auch begleitet werden.

Der Wechsel in der Arbeitsweise war aber nicht die einzige Change-Herausforderung, da es nun nicht mehr um die reine Optimierung eines bestehenden Systems ging, sondern um die Entwicklung eines vollkommen neuen Portals. Dies bedeutete, die Teams auch von diesem Neuen zu überzeugen und treibende Kräfte voranzustellen, die von Beginn an das Ziel und die Vision vor Augen führen. Herrscht in den Teams – wie leider viel zu häufig der Fall – zudem eine gewisse Erwartung, dass Projektvorhaben sowieso mit einer Verzögerung einhergehen, wird es umso wichtiger und im Konzernkontext umso herausfordernder, dass die Führungskräfte klare Leitlinien und Rahmenbedingungen vermitteln, um das Projekt in die richtige Richtung zu bringen und Verbindlichkeiten für die Teams zu schaffen.

4.4.3 Die Umsetzung – Sprints und warum sie Blocker enthalten müssen

Das agile Konzept gab vor, dass das Design immer zwei Sprints vor der Entwicklung *Def-Ready* ist – also ein Backlog Item für den Sprint bereit war. Entsprechend der User Stories und Anforderungen konnten so die einzelnen Features kontinuierlich ausgestaltet werden. Ein recht umfangreiches Unterfangen, da acht Designer parallel mit Requirements Engineers sowie Frontend- und Backend-Team arbeiteten und all dies vernetzt und koordiniert werden musste. Für jeden Einzelbereich gab es deswegen auch immer Verantwortliche, die die Ziele im Blick hielten und die Zusammenarbeit stärkten.

Ein zielgerichteter Fokus war auch insofern wichtig, da gerade Entwicklerteams oftmals meinen, alles selbst entwickeln zu müssen. Hier bietet es sich an, auf etablierte Muster zurückzugreifen und Frameworks bzw. offene Systeme zu nutzen, um die Entwicklung zu entlasten und ihr zu ermöglichen, sich auf das zu konzentrieren, was wirklich zielführend ist und neu gecoded werden muss.

Zudem ist es wichtig, in jedem Sprint etwas Zeit zu reservieren. Deswegen wurde auch in diesem Projekt bei der Implementierung eine gesonderte Aufstellung – sozusagen ein Extra-Strang – aufgemacht. »Aber wofür Zeit aus dem Sprint herausschneiden?« Ganz einfach: Manchmal wird ein Inkrement schlicht falsch entwickelt. Um Anpassungen durcharbeiten oder auf Missverständnisse zwischen den Teams rechtzeitig reagieren zu können, muss für Verständnis für sogenannte Zeitblocker geworben und für deren Implementierung gesorgt werden, damit das Projektvorhaben nicht ins Stocken gerät.

4.4.4 Ein Learning hinsichtlich Barrierefreiheit

Barrierefreiheit ist ein Thema bei jedem Projekt und die Auseinandersetzung damit wird immer wichtiger, da in Zukunft Gesetze in Kraft treten werden, die unter anderem z. B. für Webseiten eine gewisse Barrierefreiheit verlangen werden. Für einen Projektmanager ist es schwierig, hierbei den Überblick zu behalten. Es bringt nicht nur neue Herausforderungen mit sich, sondern kann zu einer Fokusverschiebung führen, die nicht unbedingt förderlich für das jeweilige Vorhaben ist.

Auch bei diesem Projekt wurde das Thema Barrierefreiheit erörtert – um nicht zu sagen breitgetreten. Denn wenn sich die Entwicklung plötzlich nur noch um ein Thema dreht, das in den Köpfen der Beteiligten nur ein *ganz oder gar nicht* kennt, steht schnell der Fortschritt in Gefahr. Das Streben nach Perfektion ist zwar schön und gut, aber das höchste Level an Barrierefreiheit bringt niemandem etwas, wenn dadurch das Projekt zu keinem Abschluss kommt.

Dazu sei gesagt, dass in der Gestaltung normalerweise grundsätzlich gewisse Richtlinien beachtet werden, die das Thema Barrierefreiheit betreffen. Aufseiten der Entwicklung müssen aber hin und wieder klare

Grenzen gesetzt werden. Die *Web Content Accessibility Guidelines (WCAG)* sind hierfür ein nützlicher Startpunkt, um Barrierefreiheit zu bewerten und in *Konformitätsstufen* aufzuschlüsseln. So kann eine Matrix aufgestellt werden, um zu schauen: Wo haben wir überhaupt welche Anforderungen zu schaffen, die von Stufe A (höchste Priorität) über AA (Standard) zu AAA (niedrigste Priorität) reichen? Dieses Ordnen nach Relevanz hat sowohl dazu geführt, dass man die Aufwände wieder in den Griff bekam, als auch dazu, dass Barrierefreiheit von allen Beteiligten besser kontextualisiert und verstanden wurde.

4.5 Stufenweise Portale vereinen

Zum Auffrischen – die wichtigsten Aspekte, die das Projekt umfasste

- Anforderungen klar definieren. *Siehe Abschnitt 2.12 und Abschnitt 3.1.6*
- Transparente und offene Kommunikation. *Siehe Abschnitt 2.10*
- Eine Kombination aus Methodiken. *Siehe Abschnitt 1.1*
- Das Team hinter sich vereinen. *Siehe Abschnitt 2.8.2*
- Den Nutzerkontext verstehen. *Siehe Abschnitt 2.11*

Unternehmenszusammenschlüsse oder Akquisitionen sind in einer globalisierten Welt keine Seltenheit und stehen in Zeiten der fortschreitenden Technologisierung fast schon auf der Tagesordnung. Sie stellen ein probates Mittel dar, des Digitalisierungsdrucks Herr zu werden und sich Innovatoren oder Disruptoren einzuverleiben. Zuwachs zu bekommen bedeutet aber immer auch, die neuen Bereiche und Geschäftsfelder einzugliedern und zumindest teilweise zu homogenisieren – was mit ganz eigenen Herausforderungen einhergeht.

Ein Finanzdienstleister für Abrechnungsprozesse und Zahlungsverkehrsabwicklung sah sich mit diesen Herausforderungen konfrontiert, als aus ihm in recht kurzer Zeit ein Gemeinschaftsunternehmen bestehend aus einer Vielzahl unterschiedlicher Unternehmen wurde, die alle auch unterschiedliche Kunden sowie eine Fülle an Portalen zur Transaktionsverwaltung mit sich brachten. Doch wo starten? Wie vereint man die Systeme? Muss man sie überhaupt in einem System vereinen oder gibt es auch andere Verknüpfungspunkte, mit denen man einen Wirkungsgrad erreicht?

4.5.1 Die Ausgangslage – nicht alles neu machen

Viele Unternehmen sehen die Lösung für einen solchen Fall in einer Rundumerneuerung. »Wir haben eine Unternehmensseite, auf der alle Portale drauf sind, und jetzt machen wir einfach alles neu.« Bei den meisten Unternehmen funktioniert das aber nicht, weil man sich so lange über dieses »Neumachen« unterhält – während die Portale und Kunden natürlich nicht stillstehen –, bis der Fokus völlig wegdriftet und man so viele komplexe Strukturen aufbaut, dass das eigentliche Ziel in weite Ferne rückt.

Deshalb entschieden wir uns dafür, in diesem Projekt ein *Stufenmodell* für Ziele zu definieren, bei dem klar aufgezeigt wird, was in Stufe 1, Stufe 2 und Stufe 3 realistisch und umsetzbar ist. Wichtig hierbei ist zu verstehen, dass alle Stufen untereinander in Abhängigkeit stehen, sodass sie auf ein großes Ziel hinarbeiten. Passen die einzelnen Ziele nämlich nicht zusammen, können bereits minimale Veränderungen in der Ausrichtung jeder Stufe zu einer Verzerrung des Gesamtziels führen.

Um das Stufenmodell mit Leben zu füllen, sollte zunächst das Team mit ins Boot geholt werden. Es muss schließlich den Weg der schrittweisen Ausgestaltung mitgehen. »Was ist euch wichtig? Wo seht ihr eine hohe Relevanz? Seht ihr die eingeschlagene Richtung als zielführend an?«

Wenn man hierbei den richtigen Startpunkt festlegt, entfalten sich auch schnell die Vorteile, die in dieser Methodik stecken. Während sie gemeinsam die erste Stufe gehen und erste Ziele vor Kunde erreichen, werden diese ersten Erfolge auch für das Team klar ersichtlich und fördern die Überzeugung, dass der richtige Weg eingeschlagen wurde.

4.5.2 Herausforderungen – Verbindlichkeiten und Vertrauen aufbauen

Ein großes Problem bei digitalen Vorhaben ist häufig, dass die Teams unterschiedliche Methodiken nutzen und somit nicht die gleiche Sprache sprechen. Beim Finanzdienstleister war das Entwicklungsteam zwar bereits agil unterwegs, aber was bringt einem ein Team, das Sprints in der Umsetzung läuft, wenn die Anforderungen nicht richtig aufeinander abgestimmt sind und die Teile einfach nicht richtig passen?

Um dies gut zu orchestrieren, bedarf es klarer Verbindlichkeiten für die einzelnen Rollen und nicht selten einer gewissen Flexibilität bei der Ausgestaltung der einzelnen Phasen. So wurden die gewählten Methodiken je nach Bedarf und Team ausgerichtet. Die Entwicklung arbeitete in ihren gewohnten Sprints, die aber auch hin und wieder gemischte Methodiken aufwiesen, während das Designteam teils nach Designsprint-Themen arbeitete, aber genauso auch Wasserfall-Phasen hatte.

Dies erforderte das Aufsetzen einer transparenten Struktur und Kommunikation, um in allen Abteilungen das notwendige Vertrauen in die Vorgehensweise aufzubauen. Ein solches Vorhaben kann nur dann vorangetrieben werden, wenn Sie tatsächlich vorangehen und wirklich alle Bereiche und Beteiligten Schritt für Schritt als Fans gewinnen, was nur durch regelmäßigen Austausch und das Aufzeigen von Erfolgen gelingen kann.

4.5.3 Das Arbeiten in Stufen

Wenn wir von einem schrittweisen Vorgehen sprechen, meinen wir auch ein schrittweises Vorgehen. Das heißt, mit den Teams wurde ein Stufenplan aufgebaut, der die einzelnen Stufen und somit auch einzelnen Ziele abbildet – angefangen beim Austausch einzelner Module der Hauptseite des Finanzdienstleisters zum Aufräumen der kompletten Seite bis hin zur Optimierung von Sales-Strecken, die aufgrund der rechtlichen Bedingungen in diesem Umfeld mit ihrer ganz eigenen Komplexität aufwarten.

Erst nachdem dies erreicht war, konnte man alle Systeme und das Knowhow auf die Bestandssysteme transferieren. Es ging also darum, eine Basis zu schaffen, um tatsächlich einen neuen Startpunkt zu setzen, der die Homogenisierung der Portale erlaubte und in der Form gar nicht existieren würde, wenn man alles neu gemacht hätte. So konnte den Nutzern nun eine Identifikation (ID) zugewiesen werden, mit der sie sich nur einmal anmelden müssen und gleichzeitig im gesamten Portalkomplex angemeldet sind.

Dies zeigt auch, dass das Stufenmodell in solch einem Vorhaben einen gewichtigen Unterschied für die Nutzerakzeptanz macht. Eine Umstellung von 0 auf 100 hätte für die Kunden der unterschiedlichen Portale zu einem absehbaren Chaos geführt. Wird ein System aber nicht von heute auf morgen vollkommen verändert, sondern durchläuft einen schrittweisen Prozess, kann auch der Nutzer mitlernen, mitnachvollziehen und miterleben, was sich tut und wie sich das System weiterentwickelt. Der Nutzer ist sozusagen Teil des Prozesses und nicht derjenige – was zu oft noch der Fall ist –, der vor vollendete Tatsachen gestellt wird.

4.6 Eine Shop-Software in die Spur führen

Zum Auffrischen – die wichtigsten Aspekte, die das Projekt umfasste

- Zu viele Anforderungen verderben den Brei. *Siehe Abschnitt 2.12.3*
- Herausforderungen im Digitalen. *Siehe Abschnitt 1.2 und Abschnitt 2.3*
- Richtlinien agiler Arbeitsweisen. *Siehe Abschnitt 1.1.2 und Abschnitt 3.4.6*
- Projektrollen und ihre Verantwortlichkeiten. *Siehe Abschnitt 2.7*
- Teams auf Kurs bringen. *Siehe Abschnitt 2.8.2 und Abschnitt 3.4.4*
- Kontinuierliche Zielvalidierung. *Siehe Abschnitt 3.4.2*

Eine Shop-Software gehört heutzutage zum Standard jedes Unternehmens, das die Vorteile des Online-Handels nutzen, ein breites Publikum erreichen und in einem sich immer schneller entwickelnden digitalen Markt wettbewerbsfähig bleiben will. Das Online-Einkaufen ist schlichtweg zum Alltag geworden und die Kunden sehen sich zu Recht vor den Kopf gestoßen, wenn ihnen diese Möglichkeit vorenthalten wird.

Während einige Unternehmen externe Shop-Software-Systeme nutzen, ist es gerade bei größeren Unternehmen oftmals Usus, eine eigene Entwicklung aufzubauen – sei es aufgrund von Compliance-Regelungen, Sicherheitsbedenken, zu spezifischen Geschäftsanforderungen oder einfach nur um die vollständige Kontrolle über die Software zu halten. Dass solch eine Entwicklung aber nicht auf Knopfdruck möglich ist, musste auch ein Entwickler, Hersteller und Dienstleister in der Medizintechnik erfahren.

4.6.1 Ausgangslage – viel Aufwand für Nichts

Das medizintechnische Unternehmen verfügt über mehrere Shops, in denen Kunden beraten werden und Eigen- sowie Fremdgeräte das Angebotssortiment ausmachen. Im Gegensatz zu manch anderen Firmen sind diese Shops sehr eng an das Unternehmen angebunden und nutzen eine Software, mit der sie Kundendaten, Reparaturen, Bestellungen etc. verwalten können und die eigens inhouse hochgezogen und entwickelt wurde.

Das Problem war jedoch, dass trotz des hohen Mittelaufwands und des Hinzuziehens externer Begleitung kein Fortschritt in der Entwicklung zu erkennen war. Es wurden zwar Prozesse aufgebaut und das Projekt war auch agil aufgestellt, jedoch drehte sich die Entwicklung mehr oder minder im Kreis. Bei genauerem Hinschauen stellte sich dann heraus, dass zum einen die Features viel zu groß und aufwändig geplant waren und zum anderen der noch unerfahrene Scrum Master in seiner Unsicherheit alles nach Lehrbuch machen wollte. Dadurch wurden viele Dinge nicht wirklich zielführend gemacht, was sich unter anderem bereits in ausufernden Dailys zeigte.

4.6.2 Herausforderungen – keine klaren Inhalte und Ziele

Wie erkennt man auch neben den reinen Ergebnissen, dass ein Team nicht wirklich vorankommt? Taucht es kurz vor einem Sprintwechsel auf und sagt: »Dies und jenes haben wir nicht fertig, weil XY dazwischenkam.« Check. Beschäftigt es sich eher mit der Frage: »Wie arbeiten wir agil und machen dies und jenes?« Check. Sind die einzelnen Termine wie Dailys und Refinements Zeitfresser, bei denen kaum etwas Produktives herauskommt? Check.

Solche Team-Verhaltensweisen müssen von vornherein ernst genommen werden. Sorgen Sie im Team für Verbindlichkeiten und das Halten an gewisse Richtlinien. Das Team muss klar aufzeigen, wann sie auf ein Hindernis stoßen, und Stopper nutzen, in denen mögliche Probleme und Herausforderungen direkt zur Diskussion stehen.

Zudem haben wir genau geschaut, wie in den Refinements überhaupt die Stories definiert und gebündelt wurden. Danach war klar, dass das Team die Stories und Epics viel kleiner schneiden muss, um überhaupt mal vorwärtszukommen. Dies umfasste auch die Verbindlichkeit und die Disziplin, die Ziele und Inhalte in einem Sprintwechsel ja auch präsentieren zu müssen – was nichts weiter bedeutet, als realistische Ziele vorzubringen, denen die Entwicklung in ihrem Sprint auch gewachsen ist.

Dass dieses Auf-Kurs-Bringen des Teams aber auch immer mit einem gewissen Gegenwind einhergeht, dürfte erfahrene Projektmanager nur wenig verwundern. Natürlich gab es auch in diesem Projekt ein paar Beteiligte, die selbst nach ersten Erfolgen darauf beharrten, dass »es so einfach nicht funktioniert«. So etwas kann man nicht immer verhindern, nicht in der Kommunikation und nicht bei der Fülle an Menschen, die gerade im agilen Umfeld oft die verschiedensten Backgrounds haben.

Wenn es aber weder mit Fingerspitzengefühl noch mit klaren Ansagen klappt, die Störenfriede zu überzeugen, sollten Sie zumindest dafür sorgen, dass das restliche Team so weit stabilisiert wird, dass es von den abweichenden bzw. negativen Themen nicht tangiert wird oder es sie gar nicht mehr richtig wahrnimmt, indem der Raum für die Nörgler enger gezogen wird.

4.6.3 Mit klaren Verbindlichkeiten Fortschritte erwirken

Solange eine Software wie in diesem Fall noch nicht vor Kunde läuft und keine klare Linie gefahren wird, ist es wenig überraschend, dass zum einen die Beteiligten mit einer Bierruhe ihre Arbeit verrichten und zum anderen unrealistische Ziele in der Luft herumschwirren, die allen Betroffenen ausreichend Gründe geben, sich mit allem zu beschäftigen, nur nicht mit dem, was ja sowieso nicht schaffbar ist.

Dabei sind es manchmal die kleinen Dinge, die bereits eine gewisse Eigenverbindlichkeit hinsichtlich eines Ziels hervorrufen und das Team wachsen lassen. Allein das Präsentieren im Sprintwechsel führte nach und nach dazu, dass die Beteiligten verstanden: »Hey, wir präsentieren das jetzt selber und dann wollen wir auch, dass das darin Enthaltene erreicht wird. Also versuchen wir, einen realistischen und machbaren Rahmen zu definieren, den wir vor versammelter Mannschaft auch abbilden können.«

Natürlich will niemand an etwas arbeiten, dass keinen Fortschritt kennt, aber Menschen verlieren manchmal den Blick für das Wesentliche oder sind schlicht mit dem Status quo überfordert. Wenn das Team nicht läuft, müssen Sie sich um das Team kümmern und nicht um das Voranbringen der Inhalte. Dies zu sehen und zu verstehen war auch für den begleitenden Product Owner, der aus seiner fachlichen Sicht den Fokus auf perfekte Stories legte und sich zudem mit einer klaren Sprache schwertat, eine neue Erfahrung. Ein Projekt braucht klare Commitments. Nur wenn jeder weiß, so geht es und so nicht, das ist deine Aufgabe und das liegt außerhalb dieser Aufgabe, können alle Beteiligten eine Richtung einschlagen, die Ziele absteckt und erreichbar macht.

4.6.4 Einem Team Ruhe geben

Als Projektmanager muss man kontinuierlich strukturieren und prüfen, wo welche Felder in der Kommunikation brachliegen. Wie ist das Verhältnis von Seniorität und Nicht-Seniorität? Wo verstecken sich Hindernisse? Wer ist die treibende Kraft und schiebt an? Das Ziel dabei muss immer sein, dem Team Ruhe zu vermitteln, sodass es sich auf den Inhalt fokussieren kann – und sich tatsächlich größtenteils eigenständig agil und operativ managt.

»Wie schaffe ich es, dass sich das Team mit dem Ziel und nicht primär mit sich selbst beschäftigt?« ist dabei eine der Zauberfragen für einen Projektmanager. Diese kann aber nur mit stetiger Kommunikation und Ausrichtung, Feingefühl und einem klaren Blick für das, was innerhalb eines

Projekts und in den einzelnen Personen vor sich geht, beantwortet werden. Dazu muss man auch mal in die Teams eintauchen. Wie kommunizieren alle miteinander? Wer nimmt seine Rolle ein? Wer sorgt dafür, dass alle Infos da sind?

Menschen zu befähigen bedeutet hierbei auch, Diskussionen, die nicht zielführend sind, umzulenken und den Fokus auf den vorliegenden Themen zu stärken. Deswegen ist es wichtig, unterscheiden zu können, wann die Rolle und wann der Mensch hinter der Rolle Unterstützung braucht. Will der Mensch eine Rolle überhaupt ausfüllen oder will er dies nicht? Wenn ja – was in der Regel der Fall ist –, dann kann man der Person, wie in diesem Fall dem unerfahrenen Scrum Master, oftmals eine Hilfestellung geben und viele Unsicherheiten nehmen, indem man einfach eine klare Aufgabenstellung für den kommenden Termin definiert, die keine Fragen offenlässt.

4.7 Strategisches Kompetenzmanagement im Konzernkontext

Zum Auffrischen – die wichtigsten Aspekte, die das Projekt umfasste

- Herausforderungen der Datenerhebung. *Siehe Abschnitt 2.2.4 und Abschnitt 2.3.3*
- Kompetenzen durchdringen. *Siehe Abschnitt 3.4.4*
- Erarbeitung eines MVPs. *Siehe Abschnitt 3.4.3*
- Den Nutzerkontext verstehen. *Siehe Abschnitt 2.11*
- Potenziale digitaler Anwendungen erkennen. *Siehe Abschnitt 2.3*
- Projektebenen und -anforderungen definieren. *Siehe Abschnitt 2.6*

Nicht nur in Zeiten des Fachkräftemangels und der hohen Mitarbeiterfluktuation bildet das Kompetenzmanagement eine der wichtigsten strategischen Säulen, um die Personalbeschaffung, -planung und -entwicklung zukunftsfähig sowie nachhaltig anzugehen. Grundlage hierfür ist in erster Linie die Datenerhebung und Erfassung der aktuellen, im Unternehmen vorhandenen Mitarbeiterkompetenzen – doch diese muss häufig erst noch geschaffen werden und wartet mit ganz eigenen Herausforderungen auf.

Als ein Automobilhersteller im strategischen Human-Resources(HR)-Bereich solch ein Vorhaben angehen wollte, stellte man recht schnell fest, dass ein strukturiertes Kompetenzmanagement nicht so einfach mir nichts, dir nichts und lautlos aus dem Boden gestampft werden kann. Denn gerade im Konzernumfeld wird der Betriebsrat recht schnell hellhörig, wenn es um die Erfassung personenbezogener Daten geht. Zudem bedeutet Kompetenzmanagement auch immer, dass nicht nur alle Kompetenzen evaluiert und verstanden werden sollen, sondern dass auch aufgedeckt wird, wo es Mehrbedarfe gibt. Und wo es Mehrbedarfe gibt, gibt es natürlich auch immer Minderbedarfe, die dem Betriebsrat verständlicherweise ebenso ein Dorn im Auge sind.

4.7.1 Bedarfserkennung durch Kompetenzmanagement

Strategisches Kompetenzmanagement wird auch deshalb immer wichtiger, da es in der digitalen Neuzeit gang und gäbe ist, dass neue Technologien branchenübergreifend alte Technologien in immer kürzeren Intervallen ersetzen oder gar obsolet machen. Technologieaufbau bedeutet daher oftmals gleichzeitig auch Technologieabbau – und somit Rollenabbau.

Viele Rollen sind jedoch öfter, als man glaubt, schlicht Beiwerk und haben nicht direkt oder nur bedingt mit der Technologie zu tun. Es ist deshalb irritierend, wie manch ein Unternehmen ganze Bereiche auflöst und die darin enthaltenen Rollen gleich mit abbaut – obwohl die Rollen über Kompetenzen verfügen, die im Zusammenhang mit der neuen Technologie oder in anderen Bereichen dringend gesucht werden.

Um dies zu vermeiden, soll das Kompetenzmanagement Unternehmen dabei helfen, die richtigen Stellen ausgerichtet an der übergreifenden Strategie und den unternehmerischen Zielen aufzubauen, und gleichzeitig das Erkennen von Bedarfen vereinfachen. »Brauchen wir tatsächlich mehr Stellen, um unsere Ziele zu erreichen? Wo haben wir unter Umständen Überstellen aufgebaut oder sind unterbesetzt? Wo schlummern womöglich noch Potenziale, die durch Schulungen oder Mentoring geweckt werden können?«

4.7.2 Ein analoger Start

Damit das Kompetenzmanagement auf stabilen Beinen steht, war allen am Projekt Beteiligten von Anfang an bewusst, dass es erstmal nicht um das Aufsetzen eines digitalen Projekts, sondern um ein initiales Erhebungsprojekt geht. Die Eingangsfragen lauteten daher: »Welche Daten müssen mit einfließen und vor allem – wie stellt sich die aktuelle Datenlage dar?«

Gemeinsam mit einem renommierten Institut wurde erst ein Identifizierungsverfahren durchgeführt, bei dem sich herausstellte, dass die bisherigen Daten eigentlich nur in einem Zwei- bis Dreijahresrhythmus im Wirtschaftssystem erhoben werden konnten und darüber hinaus von einem Verwaltungsleiter erhoben werden sollten. Deshalb war es umso wichtiger, dass z. B. die Abteilungsleiter zunächst initial verstehen, worum es uns bei dem Vorhaben überhaupt geht und wie die Folgeschritte aussehen könnten – bevor man sie direkt mit der Idee einer digitalen Lösung überfordert.

Denn der bisherige beim Automobilhersteller praktizierte Prozess – die grundsätzlichen Anforderungen und Kompetenzen analog in unzählige Excel-Listen einzuspeisen – ist natürlich ein legitimes und weitverbreitetes Mittel zur Auflistung aller möglichen benötigten Daten. Jedoch ist jedem bewusst, dass keine Führungskraft die Zeit hat oder aufbringen will, sich durch diesen Pulk an Informationen zu wälzen.

Es wurde also nach einer Lösung gesucht, wie man diese gebündelten Informationen so abbilden und zugänglich machen kann, dass der bisherige Prozess vereinfacht wird und die Daten so greifbar gemacht werden, dass sie von entsprechenden Rollen einfach decodiert und aufgerufen werden können.

4.7.3 Die Entwicklung eines MVP/MLP

Die Idee, hierfür einen ausgefeilten Prototyp zu entwickeln, wurde von uns recht schnell ad acta gelegt, da die enorme Größe solch eines Vorhabens abzusehen war und es – auch wegen möglicher Einwände des Betriebsrats – wenig Sinn machen würde, direkt mit dem Aufsetzen eines solch umfangreichen Systems zu starten.

Statt für einen Prototyp entschied man sich daher für die Entwicklung eines MVPs bzw. eines *Minimum Loveable Products (MLP)*, das die Nutzer direkt überzeugt. Dieses sollte verwendbar sein, aber in einem System stattfinden, in dem man sich einen ersten Eindruck verschaffen kann, ohne dass hierbei schon der Fokus des Betriebsrats auf sich gezogen wird.

Bei der Entwicklung wurde zudem genau ausgelotet, welche technischen Maßnahmen überhaupt gebraucht werden, und darauf geachtet, dass man diese auch integrieren kann. Das heißt, es wurde initial komplett losgelöst von der Technologie entwickelt, um mit dem analogen Input arbeiten zu können, und dann gesagt: »Wir bauen es z. B. auf einer Webtechnologie auf, die sich automatisch aus der XML-Datenbank die Daten ziehen kann, sodass die Übertragung vom Analogen zum Digitalen realistisch und möglich ist.«

4.7.4 Was gibt es intern?

Ein weiterer wichtiger Punkt – namentlich das Nutzermanagement mitsamt den zu vergebenden Zugriffsrechten – musste ebenfalls frühzeitig adressiert werden, damit nicht nach dem Aufsetzen des Systems die nächste Baustelle auf uns wartete. Die Zauberfrage lautete hierbei wie so oft: »Was hat das Unternehmen denn intern bereits zu bieten?«

Die Antwort: »Ein Intranet samt Dashboard.« Und wovon lebt solch ein System? Von bereits angelegten Nutzerprofilen mit eigenen Rollen und Zugriffsrechten. Wir mussten also nicht alles neu machen, eine eigene Landschaft aufbauen oder einen eigenen Zugang denken, sondern konnten auf die Bestandsinfrastruktur zurückgreifen und uns dort einklinken. »Wir reden mit der IT und legen eine neue Kachel auf dem Dashboard an, welche die Rolle und somit die Zugriffsrechte auf die Datenbank aus dem Nutzerprofil ableitet.« So konnte nicht nur das Thema des Rollen-Rechte-

Prinzips einfach aufgelöst werden, sondern der Fokus rein auf die Entwicklung des MLPs gelegt werden.

Um hierbei schnell voranzukommen, konzentrierten wir uns auf einen einzelnen Bereich bzw. eine Gruppe innerhalb des Konzerns, die als Schnitt genommen wurde, in dem alles durchgearbeitet und realisiert werden konnte. Dies erleichterte auch das Herausfiltern der Kernfunktionen und der Visualisierung, da die Anpassungen in kleinen, kontinuierlichen Schritten voranschreiten konnte. Das so entstandene Produkt war schlussendlich nicht nur bereit für den Roll-out in andere Bereiche, sondern der dahinterstehende Erhebungsprozess konnte auch in Schwesterunternehmen als Workshopformat implementiert werden.

4.8 Komplexitätsreduktion eines Consumer- und IT-Systems

Zum Auffrischen – die wichtigsten Aspekte, die das Projekt umfasste

- Potenziale digitaler Initiativen. *Siehe Abschnitt 2.3*
- Den Nutzerkontext verstehen. *Siehe Abschnitt 2.11*
- Transparentes Stakeholdermanagement. *Siehe Abschnitt 2.8.3 und Abschnitt 3.2*
- Managementanforderungen eines digitalen Projekts. *Siehe Abschnitt 1.4*
- Komplexität durchdringen. *Siehe Abschnitt 2.3.6*
- Kontinuierliches Feedback nutzen. *Siehe Abschnitt 2.12.2 und Abschnitt 3.1.6*

Durch den technologischen Fortschritt, Umweltfaktoren und Veränderungen im Verbraucherverhalten wird Mobilität heutzutage neu gedacht. Vernetzte, nachhaltigere und auch bequemere Transportlösungen werden überall gesucht, um bestehende Verkehrsmittel in die Moderne zu überführen und attraktiver zu machen oder neue Verkehrsmöglichkeiten zu entwickeln, die den gewachsenen Anforderungen der Neuzeit entsprechen und die Art und Weise beeinflussen, wie sich der Mensch innerhalb und zwischen Orten bewegt.

Um hier neue Wege zu gehen, wollte ein etablierter Mobilitätsdienstleister die Bequemlichkeit seiner Fahrgäste erhöhen, indem auf den Fahrten angebotenes Essen nicht nur abgeholt, sondern direkt am Platz bestellt und auch an diesen geliefert werden konnte – eine oberflächlich recht simple Idee zur Optimierung einer Dienstleistung, die gerade bei digitalen Projekten schnell dazu verlockt, ein klares Zielbild zu kreieren, das doch eigentlich auch einfach umzusetzen sein sollte.

4.8.1 Die Analyse vor dem Projekt

Eine Vorstudie bzw. Machbarkeitsstudie zu vollziehen, bevor das umzusetzende agile Vorhaben startet, bedeutet für die meisten Projekte einen großen Vorteil, da viele Fragen frühzeitig und recht klar beantwortet werden können. Dies ist noch wichtiger, wenn das Projekt wie in diesem Fall eine gewisse Größe und Umfang hat. Der vorgelagerten Analyse kommt dadurch eine viel höhere Relevanz zu. Wie kann der Bestellprozess für den Nutzer aussehen? Nehmen die Kunden so etwas überhaupt an? Trägt es zum Unternehmens-Image bei? Was gilt es zu beachten?

Interessant war hierbei, dass in der Analyse zunächst erstmal der Wunsch-Case definiert, gezeichnet und abgebildet wurde, der mit den Stakeholdern synchronisiert und ganz klar als Vorstudie gekennzeichnet wurde. Dies ist insofern wichtig, als damit alle auf dem gleichen Stand sind und jeder weiß, dass es in diesem ersten Schritt nur um das Verstehen und Identifizieren dessen geht, was das optimale Bild wäre und was hierfür gebraucht wird.

4.8.2 Herausforderungen – der Switch auf das Projektvorhaben und der Impact einer digitalen Lösung

Als es in das eigentliche Projektvorhaben ging, gelangten wir sehr schnell zu einer neuen Erkenntnis: Eine Person, die in einer Vorstudie aufblüht und sie federführend antreibt, ist nicht automatisch auch die richtige Person, um das Projekt im Fortgang umzusetzen. Denn es gibt Menschen, die in ihrem erfolgreichen Vorstudien-Modus verharren und denen der Switch in Richtung Umsetzung schwerfällt. Sie beschäftigen sich zu lange noch mit der Frage »Was ist alles möglich?«, wodurch sich das gesamte Projekt schnell im Technischen verliert.

Zudem wird weiterhin von vielen unterschätzt, dass ein digitales Vorhaben auch immer in gewisser Weise einen Impact auf Business-Ziele hat und somit Business-Aspekte nicht außer Acht gelassen werden dürfen. Die Aussage, dass »das Produkt vorrangig digital ist und deshalb mögliche Probleme auch digital gelöst werden müssen«, greift oftmals zu kurz und führt den Blick weg vom Ursachenkern, hinter dem sich nicht selten ein Business-Thema versteckt.

Kurz gesagt: Digitalisiert man einen schlechten Prozess, erhält man einen schlechten digitalen Prozess. Deshalb ist es bei solchen Großprojekten enorm wichtig, dass der Projektmanager – wenngleich nicht jedes Thema in seinen direkten Aufgabenbereich fällt – diese tangierenden Business-Aspekte durch transparentes Stakeholdermanagement priorisiert und positioniert. Auf diese Weise wird dem Unternehmen klar, dass das digitale Vorhaben nur dann wirklichen Erfolg hat, wenn verschiedene Anforderungen aus Business-Sicht erfüllt werden und ineinandergreifen.

4.8.3 Das Vorgehen – Komplexitätsreduktion und Variantenrennen

Die Vorstudie zeigte recht klar, dass der geschätzte Entwicklungszeitraum viel zu lange dauern und einem frühzeitigen Livegehen des Systems im Weg stehen würde. Deshalb entschieden wir uns, ein *Variantenrennen* durchzuführen, bei dem drei Versionen skizziert wurden: eine Variante, die nahe an dem optimalen Wunschszenario lag, eine etwas reduzierte Variante und eine Variante, die sehr stark reduziert war, im Kern aber alle Features aufwies, die dem Nutzer die Arbeit mit der Anwendung ermöglichten.

Es handelte sich also um eine Komplexitätsreduktion in Stufen, bei der nach der Versionsentscheidung und somit während des Projektverlaufs noch weitere Male weiterreduziert wurde. Dieses Vorgehen ist aber weder unüblich noch sollte es große Sorgen bereiten – was auch das Team verstehen muss. Solange im ersten Schritt ein valides, funktionierendes und stabiles Produkt entsteht, das dem Nutzer einen Mehrwert bringt, ist eine *Featurereduktion* absolut legitim und gängige Praxis. Natürlich wünscht man sich selbst bei einem digitalen Produkt, das man neu aufsetzt, so viele interessante Features wie möglich einzubeziehen. Aber es geht immer auch um die Frage nach der Relevanz – und die kann oft erst dann hinreichend geklärt werden, wenn das Produkt vor Nutzer getestet wird.

Doch nicht nur bei den Anwendungsfeatures gab es gewisse Komplexitäten, sondern auch beim System selbst, das gleichzeitig ein Consumer-System und ein Mitarbeiter-System umfasste. Fahrgäste sollten die Speisekarte einsehen und ihre Bestellung abgeben können, wohingegen die Mitarbeiter das System zur Logistik, Disposition und Kasse nutzen sollten. Um dies zu gewährleisten, wurde auf die bereits bestehende Infrastruktur zurückgegriffen, indem der Service in die Portallandschaft eingegliedert und mit dieser verknüpft wurde.

4.8.4 Fortschritt durch Feedback und »Feldarbeit«

Unbezahlbar war in diesem Projekt, dass sowohl das Team, welches das Produkt entwickelt, gestaltet und geformt hat, als auch die einzelnen Verantwortlichen regelmäßig Begleitfahrten gemacht und den Mitarbeitern vor Ort unter die Arme gegriffen haben, um im Feld Realitätsbilder zu sammeln. Dies erlaubte allen Beteiligten besser zu verstehen, was die tatsächlichen Bedürfnisse sind und welche Dinge noch Probleme bereiten – eine Form der Livetestung, die von vielen Projekten propagiert, aber in den seltensten Fällen wirklich durchgezogen wird.

Hierfür war es wichtig, dass die Tests auch frühzeitig mit einem ersten Prototyp stattfinden konnten. Zunächst musste ein sehr grob skizziertes *Minimal Lovable Product (MLP)* dafür herhalten, erstes Kundenfeedback einzuholen. Dabei ging es initial noch nicht darum, ob die Kunden es angenehm finden, die Bedienstrecke durchzugehen, sondern darum, erstmal herauszufinden, wie die Kunden den Kerngedanken und die Funktion, während der Fahrt bestellen zu können, ganz allgemein finden.

Neben der Aufstellung einer *Feedback-Resonanzgruppe* war es aber ebenso wichtig, frühzeitig den Betriebsrat in das Vorhaben einzubinden.

Da es sich schließlich auch um ein Mitarbeiter-System handelte, in dem viele Business-Abhängigkeiten stecken, musste nämlich genau abgestimmt werden, was man darf und wo Grenzen schnell überschritten sind. Ohne dieses Einbeziehen des Betriebsrats und die sehr enge Abstimmung der Teams, um die vielen Komplexitäten im Blick zu halten und auflösen zu können, wäre das Projekt nur schwerlich in Gang gekommen und vielleicht schon auf der Startlinie gescheitert.

4.9 Komplettaufbau eines Carsharing-Systems als Innovationsprojekt

Zum Auffrischen – die wichtigsten Aspekte, die das Projekt umfasste

- Potenziale digitaler Initiativen. *Siehe Abschnitt 2.3*
- Der Glaube an eine Vision. *Siehe Abschnitt 3.3.2*
- Klare Rollen und Verantwortlichkeiten. *Siehe Abschnitt 2.7*
- Das Team bilden und vereinen. *Siehe Abschnitt 2.8.2 und Abschnitt 3.4.4*
- Den Nutzerkontext verstehen. *Siehe Abschnitt 2.11*
- Anforderungen herausarbeiten. *Siehe Abschnitt 2.12 und Abschnitt 3.1.6*
- Agiles Arbeiten mit Scrum. *Siehe Abschnitt 1.1.2 und Abschnitt 3.4.6*

Das Teilen oder kurzfristige Anmieten von Verkehrsmitteln hat im Autoland Deutschland eine recht lange Geschichte. So finden sich bereits rund um den Mauerfall erste Initiativen zur Gemeinschaftsnutzung von Pkws, um vor allem in Großstädten das steigende Verkehrsaufkommen in den Griff zu kriegen und die Umwelt zu entlasten. Nach und nach sprießten in den Folgejahren in immer mehr Städten sogenannte »Stattauto GmbHs« aus dem Boden, bei denen Mitglieder an ausgewiesenen Orten ein Stattauto buchen und für einen Stundentarif samt Kilometergeld anmieten konnten.

Heutzutage gibt es deutschlandweit nicht nur rund 250 Carsharing-Anbieter und über vier Millionen Nutzer, sondern auch zusätzliche Sharing-

Angebote, die im Mobilitätsbereich u. a. auch Fahrräder und Elektroroller umfassen. Dass sich aber das *Carsharing* zu einer Erfolgsgeschichte entwickeln würde, war nicht immer vorherzusehen. Mangelnde Kapazitäten und die somit seltene Verfügbarkeit der Pkws wie auch das stationsbasierte System, bei dem Autos nur an bestimmten Orten aufzufinden waren, schreckten viele Interessierte ab, weshalb das vorhandene Modell überdacht werden musste. Ein Automobilunternehmen startete daher ein Pilotprojekt, das die eigene Produktreihe von Stadtautos ankurbeln sollte, indem sie in ein neues Carsharing-Konzept eingebettet wurde.

4.9.1 Ein eigenes Unternehmen zur Vollendung der Vision

Ein solch umfassendes Innovationsprojekt kann man nur schwerlich als normales Projekt bezeichnen. Man braucht unglaublich getriebene Protagonisten, die sich kontinuierlich mit der Vision identifizieren, und ein klares Rahmenwerk, das die Beteiligten mit den notwendigen Freiheiten ausstattet, um die Vision im Konzernkontext nicht zu verwässern. Es war deshalb unabdingbar, dass das Projekt in einem neu hochgezogenen Unternehmen aufgebaut wurde, das auf die Infrastruktur, Mittel und Ressourcen des Automobilunternehmens zurückgreifen konnte.

Ohne das Aufsetzen einer eigenständigen Marke und eine sehr klare Trennung vom Mutterkonzern wäre es nahezu unmöglich gewesen, den notwendigen Drive in das Projekt zu bekommen und ganz andere, neue Arbeitsmethoden einzuführen, die den Innovationsgedanken vorantrieben. Alle Beteiligten verschrieben sich so vollends der angepeilten Vision und hatten für ihre Arbeit ein klares Zeitfenster vor Augen: fünf Jahre, bis dahin duften rote Zahlen geschrieben werden – aber danach musste das neue Unternehmen positive Zahlen vorweisen.

Zudem war es wichtig, sich frühzeitig die richtigen Partner auszusuchen, mit denen man das Modell aufbauen und schlussendlich umsetzen konnte. Neben etablierten Partnern aus dem Bereich der Autovermietung, die z. B. Anbietern Flotten zur Verfügung stellen, wurde auch direkt eine Kooperation mit einem großen IT-Dienstleister gestartet, der die Autos mit einem System ausstattete, mit dem sie via Satellit angesteuert werden konnten.

4.9.2 Neue Technologie und der Umgang mit rechtlichen und gesellschaftlichen Fragen

Eine der Kernherausforderungen bei dem Aufbau des Projekts war natürlich die Auseinandersetzung mit der gesellschaftlichen Komponente. Deutschland ist ein Autoland und die meisten Autofahrer sind stolz darauf, sich Besitzer zu nennen und nicht Gelegenheitsnutzer. Hinter allen Überlegungen stand deshalb immer die Frage: Wie bekommen wir das Produkt so hin, dass die Gesellschaft es annimmt und damit arbeiten will?

Auf Modelle oder auch Erwartungskonformitäten konnte das Team schließlich nicht zurückgreifen, da es sich tatsächlich um ein komplett neues System handelte, das mit einer Reihe rechtlicher Fragen verbunden war. Ein großer, vielleicht sogar der größte Teil des Projekts umfasste daher das Beschäftigen mit dem juristisch Machbaren und den kommunalen Abhängigkeiten.

Es musste mit Kommunen und Städten verhandelt werden, um zu definieren, wie ein stationsunabhängiges Carsharing, auch *Free-Floating-Carsharing* genannt, überhaupt aussehen könnte. Wo dürfen die verwendeten Autos stehen? Können sie gesondert betrachtet werden, damit nicht gleich jedes Falschparken einen Strafzettel nach sich zieht? Braucht es eine Sondergenehmigung, um die Fahrzeuge auf öffentlichen Straßen bereitzustellen?

Aufgrund dieser Komplexität und der möglichen Reichweite des Schaffens wie auch dem Wissen darüber, dass man durch die technologische Vorreiterrolle zusätzlich einen starken Fokus auf die Entwicklung braucht, wurde von Beginn an ganz genau geschaut, was für eine Personalbesetzung aufgrund der Bedarfe notwendig ist. Wichtig war hierbei, dass sich die Teams zwar synchronisierten, aber jedes Team seinen klaren Verantwortungsbereich mit den zu lösenden Themenkomplexen hatte, auf den es sich größtmöglich fokussieren konnte. Denn es passiert leider viel zu oft, dass Themen allzu schnell in einem Bereich hängen bleiben und das ganze Projekt aufhalten.

4.9.3 Der Vorteil von Produktnähe

Neben dem Aufbau der Teams wurden auch die Methoden für den Projekt- und Zielverlauf klar definiert: agiles Arbeiten nach Scrum und das Erschaffen eines eindeutigen *Deliverables* – Carsharing nach einem *Flex-Prinzip* in die Stadt zu bringen. Von unschätzbarem Wert für die Entwicklung war hierbei eine Art Werkstattbox, in der das Produkt bereitstand und die nur einen Katzensprung vom Entwicklerteam entfernt eingerichtet wurde. Solch eine Nähe zum Produkt hilft den Involvierten ungemein dabei, Ideen schnell zu testen und auf Fragestellungen sowie Lösungsansätze zu kommen, die in vielen Projekten durch eine vorherrschende Produktdistanz schlicht verschleiert werden.

Wie versteht ein Nutzer überhaupt, dass das Auto auf ist, nachdem er es mit dem Handy ansteuert? Wie fühlt sich das an, wenn die Spiegel als Öffnungsindikator auf- und zugehen – was übrigens zum Zeitpunkt des Projekts noch nicht zur Normalität gehörte, ebenso wie Displays, die man direkt in das Testprodukt integrieren, prüfen und optimieren konnte, um dem Nutzer notwendige Informationen und Rückmeldungen in diesem neuen System zukommen zu lassen.

Interessant war hierbei auch, dass es sowohl Teams gab, die sich wirklich um den Kern des Produkts und dessen Grundfunktionen kümmerten, als auch solche, die sich vordergründig mit grundsätzlichen Fragen beschäftigten, die das Produkt qualitativ auf eine ganz andere Ebene heben konnten. Zum Beispiel ist es werktags üblich, dass sich morgens fast alle Autos in der Stadt sammeln, da die meisten Leute zur Arbeit müssen und sich das Gros der Arbeitsplätze in den Städten befindet. Zu verschiedenen Zeiten fahren sie dann wieder in ihr Zuhause, das nicht selten in irgendeinem Randgebiet liegt. Das heißt, dass viele der angebotenen Autos zu bestimmten Ballungszeiten plötzlich entfernt vom Stadtzentrum stehen, wo wenig Bedarf herrscht. Wie stelle ich also eine hohe Wiederverwendbarkeit her? Engagiere ich Leute, die inaktive Autos umstellen? Begrenze ich zu bestimmten Zeiten den Radius, indem sich das Auto bewegen darf? Fragen, die über gute Zugänge und Geschäftsmodelle zu lösen, aber nicht einfach zu steuern sind.

Genauso wie die Frage: »Wie weit im Voraus kann ich mir ein Auto reservieren?« Denn wenn ich in der App sehe, dass vier Straßen weiter ein Auto bereitsteht, wäre es ziemlich ineffektiv, wenn sich mehrere Personen auf den Weg machten und nur einer das Auto nutzen könnte. Es muss also eine gewisse Vorreservierung ermöglicht werden, die aber andererseits nicht ausufern darf – es würde schließlich zu Verstimmungen führen, wenn jemand ein Auto über einen längeren Zeitraum blockt, wodurch es für andere Interessierte nicht verfügbar ist.

All diese Fragen haben mit den Grundfunktionen des Produkts nur bedingt etwas zu tun, müssen aber in diesem Carsharing-Kontext und im Sinne der Nutzer genauso durchdacht werden, um ein Modell zu erarbeiten, das nicht nur theoretisch, sondern auch praktisch auf Deutschlands Straßen einsetzbar ist.

4.9.4 Learnings eines nicht nur gefühlt perfekten Projekts

Im Nachgang von einem perfekten Projekt zu sprechen, beruht meist auf einer utopischen Verklärung. Wenn man aber Teil eines Projekts war, das trotz vielseitiger Komplexitäten wie am Schnürchen lief, fragt man sich natürlich zwangsläufig, was die Gründe hierfür waren. Eine wasserdichte Planung? Ein perfekt zusammengestelltes Team? Scheinbar grenzenlose Ressourcen und Freiheiten? Ein Fokus, der durch keinen Einfluss gestört wurde?

Rückblickend hat sich in diesem Projekt gezeigt, wie wichtig der Faktor Mensch und eine gemeinsame Vision für ein Projekt sind. Heutzutage wird oft davon gesprochen, dass viele Menschen nur an Themen arbeiten wollen, die einen greifbaren Wert, einen gewissen Impact haben. »Wofür mache ich das überhaupt?« Dies war auch damals in diesem Projekt zu spüren. Ein Ziel und eine Vision davon zu haben, mit einem Projekt gesellschaftliche Veränderungen anzustoßen und dabei eine Vorreiterrolle einzunehmen, war und ist für Menschen immer interessant und sorgt für eine positive Dynamik, die nur schwer aufzuhalten ist. »Wir sind die Ersten und können hier – im wahrsten Sinne – etwas bewegen.«

Solch eine Dynamik in einem Projekt zu entwickeln, das keinen so klaren gesellschaftlichen Impact verspricht, ist erstrebenswert, aber verständlicherweise ungleich schwieriger. Was sich jedoch für alle Beteiligten als nicht minder motivierend herausstellte, war die von vornherein getätigte Aussage, dass fünf Jahre nahezu alles ermöglicht wird, nach diesen fünf Jahren aber entweder das Ziel erreicht wird oder der gesamte Aufwand umsonst war – eine klare Zielstellung und die Klärung des Danachs, das wir seitdem in dieser Form in keinem Unternehmen mehr beobachten konnten.

Index

K

L

M

N

P

U

V

W

Z